JN116834

Scotland beyond the amber

スコッチウイスキーの薫香をたどって

琥珀色の向こう側にあるスコットランド

中村 隆文

［著］

晃洋書房

ラフロイグ蒸留所のポットスティル

マッカラン蒸留所のポットスティル

夕暮れのボウモア蒸留所

風光明媚なトバモリー（マル島）

ダルモア蒸留所のウェアハウス

ボウモア蒸留所のフロアモルティング

は じ め に

ウイスキーのイメージ

「ウイスキー」と聞くと何を思い浮かべるだろうか？　臭くてツーンとする茶色の液体だろうか？　あるいは「オジサンくさい」というイメージだろうか？それとも，Barで静かにロックグラスを傾けている紳士だろうか？　ウイスキーについての捉え方は人それぞれであるが，しかし，ウイスキーといってもその種類はさまざまであり，それぞれに異なったイメージが寄せられることもある．

ジャパニーズウイスキーの「オールド」や「リザーブ」などは，昭和のサラリーマンの嗜みとしてクラブやスナックなどで飲まれたり贈り物にされたりなど，働く男の酒として，そしてそのさまざまなバリエーションは社会的地位を示す一種の記号という趣もあった（『角』シリーズは新入社員，そして「ローヤル」は部長クラスの酒とも言われていた）．

バーボンは，アメリカナイズされた若者（あるいはクールなオジサン）たちが飲むような華やかで賑やかなお酒として1970年代から1980年代にかけて広がっていった（それ以前はバーで飲まれる高級洋酒という扱いであった）．映画「ハスラー」などに影響を受けた（かつての）若者は，アメリカのバーボンウイスキーを飲みながらビリヤードをしたり，立ち飲みのバーやクラブなどでくいっと一杯引っかけて喉をヒリヒリさせた人もいるだろう（もちろんハイボールなども流行りはしたが）．昭和の時代，国産ウイスキーがサラリーマンの酒であったとするならば，バーボンはハイカラでイケてる酒だったといってよいだろう．

では，「スコッチウイスキー」（以下「スコッチ」）はどうだったであろうか？おそらくは，昭和の時代，スコッチはそこまで日本人にとって馴染みのある酒ではなかった．もちろん，一部の人たちは飲んでいたかもしれないが，そんじょそこらの酒飲みには手が届きにくい高級酒であった．今でこそ手頃な値段で販売されているジョニーウォーカー黒ラベル（通称「ジョニ黒」）なども，当時は誰もがそうそう飲めるものではなかったように（おそらくは関税の関係もあるだろう

が），とかくスコッチというものは高嶺の（そして高値の）花，あるいは，英国風の高級紳士の酒といった感じであった．

　しかし，2000年近くになると，Amazonなどの参入により国際的な物流・販売も盛んとなって，さまざまな洋酒を誰でも手に入れることができるようになった．それに応じて，スコッチの日本国内消費量は80年代に比べ3倍以上（2億リットル近く）になっている[1]．また，2014〜2015年のNHKドラマ「マッサン」の影響もあり，若い世代を含んだいろんな人々が「ウイスキーって面白そう！」とばかりにスコッチに手を出すことも増えてきた（その結果,品薄になり終売となったものや,ひどく値上がりがしたものもあったが）．2016年は約3.6億リットルのスコッチを輸入している[2]．

　マッサンブームも去り多少は落ち着いたようにみえるが，その効果によりジャパニーズウイスキーがサラリーマン世代だけでなく幅広い世代の「嗜み」として楽しまれるようになった．しかし，それと同時に，その源流たるスコッチウイスキーにも注目が集まり，スコッチファンの層も拡大してきた．前述のようなスコッチ消費量の増加はその証左ともいえるだろう．

日本人にとってのスコッチ

　しかし，日本人がウイスキーというものを知ってから，まだ200年も経ってはいない．ペリー来航の1853年に浦賀奉行所の与力（奉行の補佐役）であった香山栄左衛門が初めてウイスキーを飲んだ日本人と言われている[3]（おそらくスコッチかアメリカンウイスキーと思われる）．その後，十三代将軍の徳川家定へとアメリカ側がウイスキー樽を贈ったということである．1864年にはWHEAT SHEAFなるウイスキーが輸入されていたらしいが（いずれの種類かは不明）[4]，ビール（麦酒）とは違い，ウイスキーが人々の心をつかむにはそれなりの時間がかかった．

　しかしいずれ日本にもウイスキーブームがやってくることを見越した摂津酒造（現在の宝ホールディングズ）の阿部喜兵衛社長と当時常務であった岩井喜一郎（マルスウイスキーの礎を築いたのちの本坊酒造の顧問）は，1918年に，本場のスコッチの作り方を学ばせに竹鶴政孝をスコットランドへ留学させた．1920年に帰国した竹鶴であったが当の摂津酒造はウイスキーから撤退を決めていたので，実業家の鳥井信治郎が創業した寿屋（現在のサントリー）にその腕を見込まれ，

1923年に日本初の蒸留所である山崎蒸留所の所長に就任し，1929年に最初の
ジャパニーズウイスキー「白札」を完成させた．その後，契約期間を終えた竹
鶴は北海道の余市にゆき，1934年に大日本果汁株式会社（現在のニッカ）を創業し，
1940年に「ニッカウヰスキー」の販売をはじめた．

　当初は世界から見向きもされなかったジャパニーズウイスキーであるが，し
かし，今や世界五大ウイスキー（スコッチ，アイリッシュ，アメリカン，カナディアン，
ジャパニーズ）の一角に数えられ，しかも，2000年以降は世界のウイスキーコン
ペで金賞をとるなど，その勢いはますます盛んとなっている（ジャパニーズウイ
スキーの輸出量に関していえば，2008年と2019年を比較してみると，10倍近くに増えている[5]）．

　また，ニッカを子会社化したアサヒグループホールディングスは，アイラ島
のブナハーブン蒸留所，ローランドのグレンゴイン蒸留所などと資本提携して
おり（ハイランドのベン・ネヴィス蒸留所はニッカウヰスキーが所有），サントリーホー
ルディングスはスペイサイドのマッカラン蒸留所への資本提携，それにボウモ
ア蒸留所・ラフロイグ蒸留所など人気の蒸留所を傘下に収めるなど（正確にはビー
ムサントリーという独立子会社の傘下にあるが），日本のウイスキー企業とスコット
ランドの名門スコッチ蒸留所との間には，資本提携や経営参入による結びつき
が数多くみられる．日本におけるスコッチの流通には，こうした商業的・経済
的結びつきがその背景にあることは否めない．

　日本国内をみても，ジャパニーズウイスキーの先駆者であった山崎蒸留所と
余市蒸留所の二大巨頭のほか，次々と新しい蒸留所ができており，地ビールな
らぬ地ウイスキーブームは今後ますます盛り上がっていくように思われる．こ
のような恩恵はまさにスコットランドからの贈り物といえよう．

　実際，そのルーツゆえか，日本のウイスキーには全般的にスコッチへのオマー
ジュが感じられる．飲みやすさやトゲがないマイルドさを大事にしながらも，
力強さや芳醇さについては，バーボンやアイリッシュではなくスコッチの特徴
を継承しているといってよい．竹鶴氏由来の余市蒸留所はもとより，最近でき
た厚岸蒸留所もスコットランド（とりわけアイラ島のカリラ蒸留所）を念頭に置い
たウイスキー作りをしているし，竹鶴氏とは別路線で日本人向けのものを作り
続けてきた山崎蒸留所であっても，スコッチらしさをスコットランド人にさえ
感じさせるような逸品を世に送り出している（スコットランドのバーやパブにいけ

ば，かなりの確率でサントリーの「山崎」を見ることができる）．

そもそもスコットランドとは？

　しかし，スコッチを知っていても，スコットランドについてあまり知らない人がわりといるようである．バーでスコッチを飲んでいる人と時々話をするが，私が「この間スコットランドに行ってたんですけどね」と言うと，「え？　どこにあるんですか？　それって島ですか？」とか，「ああ，火山と温泉がある寒いところですね」というリアクションが返ってくることも少なくない（おそらくアイスランドと間違えている？）．もちろんなかには，「それってイギリスの一部ですよね」とか「スコッチって，スコットランドのお酒ですよね」と正解（？）する人もいるが，しかし，スコッチを生み出したスコットランドの風土・歴史・文化については，スコッチ人気がこれだけ盛り上がっているにも関わらず，そこまで知られているようには思われない．

　いや，スコットランドの知識をもっていなければ，スコッチを楽しめないというつもりはない．スコッチをお酒として楽しめるならなんら問題はない．そもそも，日本の義務教育自体，そこまで「スコットランド」を重視しているようにはみえないので，必須な教養というわけではないようだ．経済学の父であり「みえざる手」で有名なアダム・スミスについてでさえ，彼がスコットランド人であることはあまり知られていないし，知っていたとしてもたいして気にしない人がほとんどだろう．

　しかし，スコットランドという国，そしてスコッチというものは，単なるそのアルコールの味わい以外にも多くの魅力をもっているし，それらを知ることで，今まで見えていた，そして味わっていたスコッチについて，新たな見え方を得ることもあるだろう．「表象文化論」というものの意義もおそらくここに関わってくる．

　たとえば，油絵自体は物体であるカンバスに物質としての絵具が乗せられたものではあるが，それが鑑賞する人に見せるものは，その物理的状態を超えた印象であり心象である．書き手が描こうとしたオリジナルの「何か」が再現されたそれは**表象**（representation：re（再）＋presentation（現前））といわれるが，我々が絵画や音楽を楽しめるのは，物理的性質を超えたその表象性ゆえにである．

ここでポイントとなるのは，鑑賞側がそれを表象として認知するためには，その前提となるスキーマ（その対象がなんであるかを捉えるためのおおまかな認識的枠組み）が必要ということである．「山」「森」「林」などを見たことも聞いたこともないのに森林の絵をみせても，鑑賞する側からすればそこには「緑色の絵具で埋め尽くされたカンバス」しかみえないだろう．それが何の表象であるのかを知り，そこから喜びや感動を得るためには，オリジナルのそれをとらえる何らかのスキーマや知識が必要となるわけで，それはスコッチを味わい，楽しむ場合にも同様であるように思われる．

つまり，単に「古い」「カッコよさげ」「通好み」「力強い」「手っ取り早く酔っぱらえる」などだけでなく，その背景にある風土・歴史・文化を知り，いろんなスキーマからそれと接することで，すでにスコッチを飲んでいる人はよりスコッチを好きになるだろうし，まだスコッチを飲んでいない人であっても，それを知ることで，スコッチがただの茶色のアルコールでないことが感じられるようになる．

そのように，スコッチのいろんな姿が浮き彫りになることを通じて，スコッチが存在するこの世界が，それまで見えていた以上にいろんなものから構成された魅力的なものとしてみえるようになり，きっと次に飲むときにはスコッチがちょっと美味しくなっているだろうし，よく分からない酒が並んでいた薄暗くて怪しいBarが実は一種の博物館であったことに気付くであろう．

それに，もしこれを手に取っている読者がたとえあまりお酒を飲まなくとも，これを読むことでスコッチを飲む人の気持ちが分かるようになるかもしれないし，他にも，「イギリス人」とお友達になったとき，その人の出身がイングランドか，北アイルランドか，スコットランドか，ウェールズかを気にかけるようになるかもしれない．サッカーやラグビーのワールドカップを観戦するときにもいろんなことに気付くようになるだろう．いずれにしても，スコッチとその文化を知ることで，知ったあとの自分に，そして自分から見た世界の見え方になんらかの変化を感じることができるようになるとすれば，より成熟した「オトナ」になったといえるのではないだろうか．

スコッチを学問する

というわけで，本書は，「スコッチ」というスコープを通じて，スコットランドという国やその文化的アイデンティティにも言及する，ちょっとオトナなスコッチ本ということになる．巷にあるスコッチ本のように，各種スコッチウイスキーについてのテイストの違いを羅列するというよりは，むしろ，スコットランドの歴史からどのようにスコッチが出来上がり，どのように継承されてきたのか，その来歴を描くことで，それがそうであるところのものであり，そうでないところのものではない，ということを示してゆく．ゆえに，スコッチについてより深く掘り下げて知りたい人向けの本ともいえる．

そういうこともあり，本書では学術的な解説も交えている．ときに1300年代の物語からウイスキーの元型を拾い上げたり，1700年代の雑誌記事や詩集からウイスキーの評判を探し出したり，1900年代の訴訟や法律などからスコッチウイスキーがどのように政治的・法的に取り扱われたのか，などについての言及もある．だがそれだけでなく，筆者が実際のスコットランドに赴き，現地住民や，パブや蒸留所のスタッフと交流した際の体験談や取材も交えているので，旅行記としての一面もある．スコッチに興味がある人だけでなく，スコットランドを旅したいと思っている人にもぜひ読んでもらいたい．

注記

　口絵および本文中の写真は，筆者撮影による（文中にクレジット表記した写真を除く）．

注

1）中野元［2004］「寡占化するスコッチ産業――本格焼酎産業との関連で――」，熊本学園大学付属産業経営研究所編『産業経営研究』，51-80, 62-63.

2）Leon Kuebler［2016］"Scotch Whisky, H1 2016: Diverging Trends in Major Market," *Whisky Invest Direct*（Scotch whisky, H1 2016: Diverging trends in major markets ¦ WhiskyInvestDirect）.

3）出典は『ペルリ提督日本遠征記』第14章．ただし，そこでは身分を偽り，奉行としてアメリカ側と交渉している．

4）Whisky Magazine Japan［2013］「戦前の日本とウイスキー【その1・全3回】」（http://whiskymag.jp/whiskyhistoryinjapan_1/，2021年7月17日閲覧）.

5）国税庁「酒のしおり（令和2年3月）」（https://www.nta.go.jp/taxes/sake/shiori-gaikyo/shiori/2020/pdf/200.pdf，2021年7月17日閲覧），5頁.

Column

　かくいう私も，たまたまスコットランド哲学の研究をすることになり，たまたまスコットランドで開催された国際学会に参加し，そして，たまたま「ザ・スコッチウイスキーエクスペリエンス」（エディンバラのロイヤルマイルにあるスコッチのテイスティングや販売，それに歴史ツアーをしているところ）に立ち寄ったおかげで，ここまでスコッチにのめり込んでしまった．しかし，そのおかげで，哲学や宗教といった思想からみえるスコットランドではない，別のスコットランド像がみえるようになったので，この出会いにはたいへん感謝している（その分，かなりのお金を使ったように思うが）．

エディンバラのロイヤルマイルのストリート

ザ・スコッチウイスキーエクスペリエンス（The Scotch Whisky Experience）

行きつけのパブにて友人と

目　　次

第Ⅱ部　スコッチ文化論

第Ⅰ部

個性あるスコッチの世界

地域の特色を知ろう

ウイスキーファンといってもそれは一枚岩ではなく，それぞれバーボン派，アイリッシュ派，スコッチ派など，いろんな派閥に分かれている．このように人の好みはさまざまであるが，スコッチ派だけでも，さらにそこにさまざまな派閥を抱えている．大別するならば「モルトウイスキー派」「ブレンデッド派」がいて，モルトウイスキー派であってもさらに「アイラモルト派」「スペイサイド派」など，その好みはさまざまである．しかし，「モルトウイスキーならマッカラン，ブレンデッドならシーバスリーガル」というように，ブランドごと，あるいはボトルごとにファンがついていることもある．

ファンというものは往々にしてこだわるものであるが，そのこだわりが成立している背景には，スコッチを生み出すスコットランドの風土というものがある．スコッチをある程度飲みなれている人であれば知っているかもしれないが，「アイラ」や「スペイサイド」とは，スコッチの生産エリアのことである．日本から遠く離れたスコットランドの地理について，そこまで詳しく知っている人などそこまで多くはないかもしれない（日本で生活するならば別に覚えなくてもそう困りはしない）．しかし，知っておけば，もしなにかの拍子で飲んでいるそのスコッチがどういうものであるかを理解でき，それまで無頓着であった違いというものにも気づき，スコッチをそれまで以上に楽しむことができるかもしれない．

「さあ，地理をお勉強しましょう！」と言われても，普通の人であればいまいちその気になりにくい．ましてや，気持ちよく酔おうとする酒飲みであればなおさらである．しかし，「あなたが飲んでいるそのスコッチはいったいどこのエリアのものでしょう？」と問われると，酒飲みだからこそ妙に気になるものである．

スコットランドの地理を一般的に（かなりおおざっぱ）に区分するならば，「ローランド」「ハイランド」「島嶼部」となる．そこからさらにスコッチ生産地で分類するならば，① ローランド，② キャンベルタウン，③ ハイランド，④ スペイサイド，⑤ アイランズ，⑥ アイラ，という区分となる．それぞれの特色について以下述べてゆこう．

スコッチエリアの区分

出典）From Wikimedia Commons, the free media repository, August 1ˢᵗ, 2007 (Scotch regions image drawn by Brian Gotts, and converted to SVG by Wikimedia user Interiot).

第 1 章

ローランドとキャンベルタウン

ローランド

「ローランドLow Land」というのは，スコットランド中南部の低地地方のことである．具体的には，スコットランド南西部ダンバートンから中東部ストーンヘイブンを結ぶ斜めのラインを基準としたときに，右下（南部もしくは東部）のエリアである．荒涼なハイランドと異なり，田園風景が広がる場所も多く，ゆるやかな丘と農地が広がっている．「蛍の光」（原題：*Auld Lang Syne*）を作詞したスコットランドの国民的詩人——そしてイングランドにもその名を轟かせた——ロバート・バーンズが愛した景色でもある．地理的には，エディンバラやグラスゴー，アバディーンといった文化や産業の中心地もローランドに分類される．

ローランドの都市には多くの人が集まり経済やインフラが発展した．また，

エディンバラの街並み

ボーダーズに広がる丘陵地帯

経済だけでなく，パースやエディンバラなどのように，スコットランド王家や貴族による政治的決定がなされる都市もあり，ローランドはまさにスコットランドという国家の中心ともいえる場所であった．ゆえに，そこではイングランドの政治的支配に対して批判的でありながらも，どこまで譲歩しながらそれと共存できるかを慎重に吟味するような熟慮と反省の態度が，アダム・ファーガソン，デイヴィッド・ヒューム，アダム・スミスなどの近代啓蒙思想家たちのもとで醸成されてきた．

イングランドとの国境近くは「ボーダーズBorders」と呼ばれる行政区であり，そのうちの町の一つ「メルローズMelrose」は，かつてはローランドを代表する宗教的中心地でもあった．スコットランド王デイヴィッド1世の命令でつくられたメルローズアビー（Melrose Abby）には数々のスコットランド王や貴族が埋葬されているが，なかでも有名なのが，イングランドのエドワード1世とその息子エドワード2世を相手に戦って退け，スコットランドの独立を勝ち取った英雄ロバート1世（ロバート・ザ・ブルース）の「心臓」であろう．ここはイングランドとの国境地帯であり，ときに影響を受けつつ融和的でありながらも，あくまでスコットランドであることを譲ろうとしないエリアであったのだ．

こうしたローランドの地理的事情は，そこでのスコッチの作り手たちに良くも悪くも「変化」を与えた．ハイランドやスペイサイドと違い，イングランドとの距離が近いということは，イングランドによる監視のもとスコッチウイス

Bordersのメルローズアビー

ロバート1世の心臓が収められた石箱

キーの密造・密輸がしにくい，ということを意味する．ハイランドの蒸留業者は山奥に逃げて，モルト造り（大麦からの麦芽造り）の際の燃料不足を補うために石炭ではなくピート（泥炭）を使用し，そのクセのある香りと力強さを特徴とする伝統的スコッチを作っていたが（これは島嶼部も同じであったが），イングランドの監視の目が行き届くローランドではそうしたやり方は不可能であった．その代わりに，ローランドでは合法的な形で——そして，できるだけ税負担を軽くするために——課税対象の「モルト malt」ではないトウモロコシや小麦などの「グレーン grain」を使用し，イングランドの資本家たちも加わり当時の先進的な蒸留技術の粋である連続式蒸留器がいち早く導入された．そうしてグレーンウイスキーが大量生産されるようになり，それが従来のモルトウイスキーと混ぜ合わせられた「ブレンデッドウイスキー」が，19世紀半ばから大ヒットすることになる．

　20世紀後半からはシングルモルトブームも始まり，現在のローランドでもシングルモルトは作られているのであるが，古風でワイルドな他地域のスコッチに対し，ローランドのスコッチはスムースで軽快な味わいである．こうした特徴は，ローランドスコッチの伝統として，グレーンを使用しないモルトウイスキーにおいても「ローランドらしさ」として継承されているようにも思われる．代表的なモルトウイスキーであるオーヘントッシャンは3回蒸留するというアイリッシュと同じ手順で作られるが，それは，特段ピート臭かったり，ワイルドな味わいといったものではなく，その代わりにスムースで洗練された味わいを実現している．ローランドの蒸留所は他地域と比べてそこまで知られていないが，上述の「オーヘントッシャン」や「グレーンキンチー」「ブラドノック」など有名なものもあり，その洗練された味わいは今やスコッチ業界の希少価値となっているといえよう．

キャンベルタウン

　キャンベルタウンは西スコットランドのキンタイア半島先端にある町である．ダンバートンより西部にあるので，地理的にはローランドとは言い難いが，エディンバラより南部にあり，また，ローランドに位置するグラスゴーからも

近く，ハイランドのように荒涼としているわけでもない．

　スコッチを最近飲み始めたという人であれば「スペイサイド」「アイラ」は耳にしたことはあるかもしれないが，キャンベルタウンのウイスキーについては「？」と首をかしげる人も多いのではないだろうか．キャンベルタウンはそこまで大きな町ではないが，しかしそれでも20世紀初頭においては30以上の蒸留所が稼働する「ウイスキーの町」であった．かつては，グラスゴーや北アイルランド，アメリカなどを船舶で結ぶ中継地であり，多くのスコッチがここからアメリカへと輸出されていた．町全体でウイスキー製造・造船・炭鉱が盛んであり，スコットランドでいち早く近代化を果たした町である．山崎蒸留所の元所長，そして余市蒸留所と宮城峡蒸留所（ニッカ仙台工場）の創設者でありジャパニーズウイスキーの父とも呼ばれる竹鶴政孝氏（いわゆる「マッサン」）が現場でウイスキー造りを学んだのもここキャンベルタウンのヘーゼルバーン蒸留所であった．[1] 竹鶴氏の活躍は本人の資質・忍耐・研鑽があったことは間違いないが，それがそもそも可能であったのは，スコットランド側とのコネクションが明治維新前後に確立していたことも大きな要因といえる．[2]

　キャンベルタウンに話を戻そう．キャンベルタウンでは，そこで作られたスコッチは輸出して売りさばかれたが，売れれば売れるほどそのお金で大麦をさらに購入してモルトをつくり，たくさん蒸留し，それをさらに販売するという事業拡大が行われていた．かつてのキャンベルタウンには労働者が多く集まり，ホテルも飲食業も含め町全体が潤っていたが，そうした爆発的な経済成長はいつかはバブルのように破綻しかねない．「黒字」ではあっても特定品目の輸出に依存した経済成長というものは，その輸出先の政治的判断や周辺事情に大きく左右されてしまうのだ．キャンベルタウンも例外ではなく，第一次世界大戦やアメリカの禁酒法によってウイスキーが輸出できなくなり大ダメージを受けてしまう．膨れ上がった設備の維持が困難となり，多くの労働者はその行き場をなくしてしまった．衰退というものはいったん始まってしまえばあとは坂を転がり落ちるようなものであり，歯止めは効かなくなる．かつて栄華を誇っていたスコッチの聖地は，2021年現在時点においては，スプリングバンク蒸留所，グレンスコシア蒸留所，グレンガイル蒸留所，の3か所しかない．

　ただし，だからといって侮ることなかれ，である．壊滅的状況のなか──途

中で操業停止したとはいえ——生き残ったそれぞれの蒸留所には，それを支える経営手腕，品質保証，そして独自の個性など，生き残るべくして生き残った理由がある．キャンベルタウンを代表する「スプリングバンク」はスムースなのに潮の香りとしょっぱさが鼻腔をくすぐり——そうしたテイストは一般的に「ブリニー briny」と呼ばれる——港町キャンベルタウンのかつてのイメージを膨らませてくれる．「グレンスコシア12年」はバーボン樽由来のバナナ香や柑橘系の香り，それにビターな麦の甘みが相まった厚みのある味に，さらに海のしょっぱさがくっついてくるなど，スコッチの奥深さを感じさせてくれる．

　かつてのスコッチの聖地キャンベルタウンはたしかに荒廃してしまい，「スコッチといえばスモーキーなアイラモルトでしょ」とか「いや，マッカランのような気品あるスペイサイドモルトだ」という論争があっても，もはやそこにキャンベルタウンは割り込むことはできないかもしれない．しかし，スコッチの聖地のスピリッツは，残された数少ない蒸留所で働くスタッフがつくりあげるウイスキーに今なお宿っている．それに，キャンベルタウンから持ち帰った種子が遥か東の国で芽吹き生まれ出でたのが，我々が愛するジャパニーズウイスキーであるのならば，その奇跡に感謝の祈りを捧げることで，聖地をいつまでも聖地であり続けさせることができるだろう．

注
　1）現場での仕事はキャンベルタウンで学んだが，理論の方はグラスゴー大学で学んだといわれている．
　2）スコットランドと日本とは文化的接点がいくつもある．明治前後の日本の近代化には多くのスコットランド人が関わっており，貿易商のトーマス・B・グラバーの活躍などもあった．
　3）「スプリングバンク」は「2.5回蒸留」でも有名である．これは，1回目にでた初蒸留液（のうち2回目の蒸留に回されていないもの）を2回目の蒸留液に加え，3回目の蒸留を行う，というものである．

第2章

ハイランドとスペイサイド

ハイランド

　ハイランド（High Land）は歴史上それぞれのクラン（氏族）が独自の統治を行っていたエリアである．1707年以降，スコットランドとイングランドは合同議会を擁するグレートブリテンとなったが，それでも，ハイランドはスコットランド独自の文化と気風を保持しており，ときにイングランドへ反旗を翻すこともあった．この地域はスコットランドのなかでももっとも反骨精神にあふれた，スコットランドらしいエリアといってもよい．21世紀の現代において，かつての生活スタイルや服装は儀式的なものに留まるものの，そのスピリッツはハイランド人の誇りとして市民的アイデンティティを形成している．

　前述のように，ハイランドとローランドを分ける境界線は「ダンバートンからストーンヘイブンを結ぶライン」であり，ハイランドはこのラインの左上側（西側もしくは北側）といわれているが，しかし，実際にはその基準は明確なものではなく，境界もあいまいである．ハイランド地方にグラスゴーは含まれていないが，その西側のロッホローモンド（Loch Lomond）あたりから北西部にかけてはハイランドとみなされている．

　一般的にいわれるハイランドの特徴としては，低い岩山と荒涼とした景色が続くものであり，ロッホローモンドから鉄道に乗り，インヴァネスに至るまでの間にハイランドらしい景観がずっと続く（ロッホ（loch）とは「湖（lake）」の意）[1]．この反対側のルートとして，イングランド南東部のエディンバラから北西へと進んだとしても，やはりハイランド独特の景色を見ることもできる（こちらはどちらかといえば丘陵地が育ったような山々が連なっているような感じである）．

西ハイランドのCastle Stalker　　　　　ハイランドのベン・ネヴィス蒸留所

　ハイランドエリアには，1000m級の山が連なるグランピアン高地（Grampian Highlands）があり，凹凸の激しい場所が数多くある．山に雲（水蒸気）があたり，それが水滴となって山頂付近から麓まで流れるクリーク（小川）や湧き水には欠かないため，峡谷に蒸留所を構えているところが多い．蒸留所名（とそこで作られるウイスキー名）にも「グレン」（ゲール語で「峡谷」の意味）と付いているものが多く，「グレンモレンジ（静寂の谷）」「グレンドロナック（黒イチゴの谷）」「グレンゴイン（鍛冶屋の谷）」などがある．

　私自身ハイランドには4回訪れたことがあるが，公共交通機関を使って蒸留所を回るとすれば，それなりの日程を考えた方がよい．ハイランドの西海岸沿いから北上すると有名な蒸留所を立て続けにまわることができる．グラスゴーから列車で約4時間ほどかけて（ロッホローモンドを超えて）ロッホオー（Loch Awe）を横切り，海岸線側（西ハイランド）にあるオーバン蒸留所にたどり着く．そこからバスでさらに2時間ほど北へ行けばベン・ネヴィス蒸留所（上記写真）を訪れることができる．ここからさらに北方の——かの有名なネッシーがいるとされるネス湖がある——インヴァネスまでは2時間程度かかる．そこからさらに海岸沿いを北上すればダルモア蒸留所やグレンモレンジ蒸留所をまわることもできる．しかし，バスや列車の本数もそこまで多くなく，インヴァネスからダルモアまでは，歩きを含めれば片道1時間程度はかかる（ダルモアからグレンモレンジは近いけれども，やはり歩きを入れればさらに片道1時間ちょっとはかかる）．このルートで各蒸留所をきちんと回るとすれば，到底1日や2日では足りるも

グレンモレンジ蒸留所

ダルモア蒸留所敷地内

のではない（これはルートのうちの1つにすぎないので別のルートもあるが，いずれにせよハイランドエリアはかなり広い）．

　ハイランドのなかでもオーバンはとりわけ賑やかで特徴的な町である．水も豊かで漁港もあるオーバンに1794年に蒸留所が建設されて以来，町は発展し続けた．町の名所としては，地元の銀行家で慈善家だったジョン・スチュアート・マッケイグ（John Stuart McCaig）が公共事業がてら着手した「マッケイグタワー McCaig's Tower」が，丘の上に王冠のように立っていたりなど，町全体がかつては盛り上がっていたであろうことは町を訪れればすぐに分かる．1880年にグラスゴーからの鉄道がつながるとなおいっそう観光客が流入し，そこは，マル島（後述）など，ヘブリディーズ諸島への玄関口となった．「スコットランドらしさ」を楽しむために多くのイングランド人がハイランドを訪れて楽しむというスタイルも，こうした鉄道網や道路整備がもたらしたものである．世界に先駆けたイギリスの蒸気機関車や自動車などの近代産業は，物流だけでなく人的交流，さらに観光業などさまざまな仕事のスタイル・ライフスタイルをもたらしてくれたであろうことは，オーバンの街並みが教えてくれる．

　スコッチのテイストについて話をするならば，「ハイランドモルト」の特徴はなかなか言葉では表現しにくい．ハイランド自体が広大なエリアであるし，しかもいろんな作り方がなされているので，アイラモルトほどの分かりやすい傾向というものがないのだ．もちろん，全体的な傾向というものはあり，アイラほどピート臭はしないがしかし個性的なモルトが数多く作られている．樽熟

港町オーバン

マッケイグタワー

オーバン蒸留所

オーバンのハイストリート

成にこだわっている蒸留所も多く，ほどほどメロウ（mellow：芳醇で熟した感）ではあるが，力強いシリアル系のテイストと果物系の甘味とのグッドバランスが実現されている．前述の「オーバン」はオレンジピール（オレンジの皮）のような柑橘系の香りがして，水で軽く割るとパイナップルや桃の香りが開くフルーティさも兼ね備えたものがある．[3]「ダルモア」は樽の木香が麦の甘味と混然一体になったもので，フルーツ系というよりはややスパイシーなダークチョコレートのようなアロマがある．

　ハイランドモルトは力強い麦の旨みが特徴ではあるものの，きめ細やかな樽熟成と，そのために多くの種類の樽を用いているものもある．イギリス国内で一番売れているスコッチと言われる「グレンモレンジ」は樽の魔術師とも呼ばれ，バージョンごとに樽の組み合わせをさまざまに変えている．バーボン樽，シェリー樽はもちろん，マルサラ樽，ソーテルヌ樽（貴腐ワイン樽）をも使用し，

左側が「グレンモレンジ・シグネット」
用のチョコレートモルト

ダルモアシリーズ

多種多様なバリエーションを生み出している。グレンモレンジ蒸留所は，その代表作「グレンモレンジ・シグネット」用に，独自のチョコレートモルト（強めにローストしたモルト）を使用しており，リッチで濃厚な，しかしスムースな傑作を生みだしている（ただし，シグネットは，アルコール発酵に64時間以上はかかるらしい（通常は48時間程度））．

　しかし，樽熟成に関しては「ダルモア」も負けてはいない。基本はワイルドターキー樽(バーボン)熟成だが，そこにポートワイン樽や，オロロソ樽(シェリー)，カベルネ・ソーヴィニヨン樽（赤ワイン），マルサラ樽をバリエーションごとにいろいろ組み合わせ，独自のリッチなテイストを表現している（ちなみに，「ダルモア12年」は，9年バーボン樽熟成＋3年オロロソ樽熟成のdouble matured とのこと）．日本ではあまり馴染みがないダルモアではあるが，これはオーストラリアで最初に販売されたスコッチであり，オージーにはとても人気がある．

　このように，ハイランドモルトは蒸留所によってまったく異なるものなので一言で語りつくせるものではないが，ハイランドのワイルドな自然と，そこで誇り高く生きる職人たちの力強さが，何者にも屈することのないハイランダー(Highlander：ハイランドの住人) のイメージを膨らませてくれる．

スペイサイド

　スペイサイドとは，ハイランド中央部よりやや東にあるスペイ川（River

スペイ川

Spey）流域のことである．実際それは地理上はハイランドに属しているのだが，ウイスキーの地理的分類としては，「スペイサイド」という独自のエリアとして名を響かせている．とりわけ，「グレンリベット Glenlivet」「マッカラン Macallan」，そして，「グレンフィディック Glenfiddich」はスペイサイドのシングルモルトの三大巨頭としてその名を馳せている．スペイ川はスコットランドで三番目に長い川で，その豊かな水源・水流を利用して，マス漁や運搬業が盛んであった．今でも，フィッシングの聖地と呼ばれ，スペイ湾から上流に遡るマスやサケを狙う釣り人たちが集まる場所である．もちろん，水を大量に使用できるのでウイスキー造りもかねてから盛んであり，いまだに，他地域と比較してもスコッチ生産量 No.1 を誇るエリアである．

　スペイサイドのウイスキーは「草の香りがする（グラシー grassy）」，と言われることもあるが，これは青臭いという意味ではなく，その独特の「爽やかさ」を示す表現である．麦の甘みと樽の香りとのバランス，というウイスキーの基本をこれ以上なく突き詰めたものが多く，その華やかな味わいは，他地域のスコッチと一線を画している．とりわけ，「スコッチのロールスロイス」と呼ばれるマッカランは別格ともいえよう．創業は1700年代はじめとも言われ，ハイランドで二番目に早い1824年にライセンスを獲得した名門蒸留所である（一番目の公式蒸留所はグレンリベットで同年の1824年）．地元で作られた大麦とそこから作られるモルト（もちろん，生産量の関係上，それ以外の地域でつくられたモルトも使用してはいるのだが），スペイ川の傍にある泉（軟水），イースト菌，これらのみを原

料として作られる．温水槽に大麦を48時間浸し5日かけて発芽させたあと，キルン（乾燥塔）で乾燥させるという自前のモルト造りを行う．蒸留には，スペイサイドで最も小さいと言われるポットスティルを使って丁寧に長時間行われ，蒸溜はじめの蒸留液と終わり際の蒸留液は，マッカランの原酒としては使用しないなど（使用するのは全蒸留液の20％以下とも言われる）独自のこだわりをみせる．また，自社管理の森林で伐採したものを樽とし，そこに専用のシェリー酒熟成後の樽を蒸留所に運びウイスキーを熟成させるなどの念の入れようである．

　マッカランの特徴である滑らかで甘く優雅な味わいは，ウォート（糖液）を

グレンフィディック蒸留所

スコッチ生産量最大規模を誇るグレンフィディック蒸留所のポットスティル

秘密基地のようなマッカラン蒸留所入口

マッカラン蒸留所入口のディスプレイ
（2018年5月新築の施設）

蒸留し，それを集めた原酒そのものに余計な雑味がないこと，そして，これ以上やると甘く臭くなるというギリギリのところでの樽熟成の手法，ばらつきのないブレンド方法にあるように思われる．つまりは，あらゆる工程においてスペシャリストがそれぞれ熟練の技を駆使し，それがうまくリレーのように繋ぎ合わされた高品質を安定的に実現しているのが「マッカラン」なのである．

　ところで，マッカランについていえば，バーボン業界もそうであるが，とりわけシェリー業界もその大きな支えとなっている点が興味深い．マッカランのエレガントさは主に，樽熟成で使用されるシェリー樽によるところが大きい．マッカランは自社製の新樽を作り，シェリー醸造業者へ無料で提供し，その業者が2～3年のシェリー酒の樽熟成を行ってそのシェリー酒が出荷されると，使用された空き樽を自社へ運び入れ，スコッチをそれに入れて熟成させているのである．シェリー酒用のスパニッシュオーク樽はスペイン北部でマッカランが所有・管理する森から伐採された木材がマッカランお抱えの樽職人によって組み立てられている（森林管理には，年間26億円以上がかけられているとのことである）．

　酒造業界はスコッチ／バーボン／シェリーそれぞれが客の奪い合いをしているゼロサム関係（zero-sum）ではあるのだが，しかし，それぞれが生き抜くために或る局面では他業界と助け合っているという点でとても興味深いといえる．

注
1）イングランド人やアメリカ人には「ロック」と発音する人が多いが，現地では "ch" は「ク」と「ハ」の中間の音を咥内でたてられるような感じであり，「ロッホ」と聞こえる．ここから，本書では分かりやすく「ロッホ」と表記している．
2）しかし，1897年から着手したものの，彼が亡くなった1902年にはそこで工事が中断し，すべてが完成することなく途中で終了した．
3）オーバン蒸留所のこだわりは，熟成14年未満のものは作らないということである．なので，オーバンのオフィシャルボトルでは10年もの，12年ものは販売されていない．
4）糖化した麦汁（ウォート Wart）にイースト菌を加えることでアルコール発酵が促される．

第 **3** 章

アイランズとアイラ島

アイランズ

アイランズ（islands）モルトとは，スコットランドの島々，具体的には，アラン島（ロッホランザ，ラグ蒸留所），ジュラ島（ジュラ蒸留所），マル島（トバモリ蒸留所），スカイ島（タリスカー蒸留所，トラベイグ蒸留所[1]），ラーセィ島（ラーセィ蒸留所[2]），ルイス島（アビンジャラク蒸留所），オークニー諸島メインランド（ハイランドパーク蒸留所，スキャパ蒸留所）でつくられたモルトウイスキーを指す（アイラ島は別カテゴリーとして，あとで別に紹介する）．アラン島とオークニー以外は「ヘブリディーズ諸島Hebrides」と呼ばれるエリアに属する．

ヘブリディーズ諸島は100近い島々からなり，さまざまな土着の文化の痕跡——ケルト人やノース人，さらにはそれ以前のものなど——が残っているエリアである．古くは新石器時代あたり（紀元前3000年頃）のカラニッシュ・ストーンサークルがある．その後大陸からケルト人が住み着いたりしたが，9世紀頃

ルイス島のストーンサークル

ルイス島の Carloway Broch

スカイ島のオールドマンオブストール
島北部に林立する奇岩の山

スタファ島の「フィンガルの洞窟」

からヴァイキングが侵入し，11世紀にはノース人[3]が一部の地域を支配したりもした．13世紀には島の支配権をかけてスコットランド王国とノルウェー王国とが対立し戦いもしたが，最終的にはスコットランド王国の支配地域となった．

島々の産業は漁業・農業・放牧といった一次産業が主流とならざるをえなかったが，島独自の歴史的文化や遺跡が残されているということから，近年は観光業も大きな収入源となっている．たとえば，マル島へはスコットランド本土から連絡船がでており，夏にはゲール語での聖歌隊のコンサートなどイベントも行われているし，そこから，「フィンガルの洞窟」で有名なスタファ島にも行くことができる（オーバンからも行くことはできる）．マル島では日本ではあまり知られていないトバモリ蒸留所があり，そこでは「レイチェック（レチェック）Ledaig」（ゲール語で「穏やかな湾」の意味）という名前のピーテッドウイスキーが作られている．モルトはアイラ島のポートエレンから運んでいるということで，

トバモリ蒸留所の水源近く

トバモリ蒸留所入口

やはりそれなりのピート香がするが，仕込み水は島の水源から流れる水——泥炭層をとおったやや赤茶けた水——を使用しており（もちろんきちんと濾過してある），できあがったウイスキーからは独特の風味を楽しむことができる.

スコッチ好きであれば，アイランズモルトといえばスカイ島の「タリスカー」，オークニー諸島メインランドの「ハイランドパーク」「スキャパ」を思い浮かべるであろう.これらアイランズモルトは，甘みのあってスムースなスペイサイドのそれとは異なり，骨太なワイルドさを漂わせつつ，しかしあまりピート香に頼ることのない，麦由来の重みと厚み，そして樽由来の香りが混ざった複雑な味わいを楽しむことができる.しかし，私としてはアイラ島のお隣のジュラ島にも触れておきたい.

ジュラ（島）はアイラ島の隣にあり，フェリーで5分の距離でありながら，アイラモルトとは異なるアイランズモルト「ジュラ」がつくられている.この島には小さな村が1つだけで学校もないので，子どもたちは隣のアイラ島の学校に通っている.村民よりも鹿の数の方が多い(ジュラは古ノルド語で「鹿」の意味).その村のなかにポツンとあるジュラ蒸留所は1810年に創業(ただし「ジュラ蒸留所」と名乗るようになったのはその21年後の1831年)，1901年に閉鎖，1963年に再開した.スコットランドで2番目に大きい——と蒸留所のスタッフが言っている——巨大なポットスティルからつくられたモルトウイスキーは，基本的にはピート臭がなくスムースではあるが，木々の香り，そしてどこがなめし皮のような，少し絡みついてくるオイリーな苦みや甘味も感じられる面白い味わいである.おそらくは水の違いもあるのだろう.お隣のアイラモルトとはまったく異なる味

パップス・オブ・ジュラ

ジュラ島で遭遇した鹿の群れ

ジュラ蒸留所

ジュラ蒸留所の巨大ポットスティル

わいであり，そしてこの味わいは，スコッチのなかでも唯一無二といってよい．

アイラ

　アイラ島はキャンベルタウンのさらに西側にある島であり，インナーヘブリディーズ南端の美しい島である．自然が手つかずのまま残されており，漁業，牡蠣などの養殖業，畜産業，観光業などが主要産業である．もちろんウイスキー産業は世界に名だたるものであり，それは観光業の目玉ともなっている．淡路島と同程度の面積（619.6㎢）に――本書執筆時点で――「ボウモア」「ラフロイグ」「ラガブーリン」「アードベッグ」「ブルイックラディ」「ブナハーブン」「キルホーマン」「カリラ」「アードナホー」の９つの蒸留所がある．[4]

　どの蒸留所も個性があり，それぞれがそれぞれの熱狂的なファンを獲得している．アイラ島全体が１つのアトラクションパークであり，スコッチファンなら一度は巡礼したいと願う聖地でもある．一般的にここで作られるアイラモルトのテイストはピーティー（peaty）と言われているが，それには理由がある．

　スコッチの主原料は水，そして大麦を発芽させたモルトであるが，そのモルト造りのときには麦芽の成長を途中でとめる必要がある（発芽にエネルギーを使いすぎてでんぷん質を枯渇させないために）．そのためには燃料を焚いて，麦芽を乾

燥させねばならない．その燃料の大部分が，アイラ島の泥炭層から切り取った泥炭（ピート）を使用しているので，乾燥時のモルトにその香りがつく，というわけである．もちろん，ピートを焚くのは他の地域のスコッチ造りでもあるのだが，アイラ島は小さな島でいつも潮風が吹いており，そこで育った植物が泥炭となっていることから，ピートそのものがアイラ島独自のフレーバーを生み出している．

　アイラ島を含むインナーヘブリディーズはかつてはダルリアダ王国（スコットランド王国の前身）が所有しており，それはスコットランド王家に引き継がれはしたが，辺境ということもありなかなか管理も行き届かず，実質的には地元の有力諸侯が統治していた．また，8世紀には北欧からヴァイキングが侵入してくるなどの苦境にも見舞われた（もちろんこれはアイラ島だけではなかったのだが）．もっとも，当初は単なる侵略者であったヴァイキングであるが，アイラ島を完全占領するよりも中継所として利用した方が良かったのか，次第にアイラ島とヴァイキングとの交流・交易がはじまり，スコットランド人とノース人との交わりも増えてゆく．

　アイラ島にはスコットランド氏族の領主がいて，その領主は近辺の島々を管轄しつつ，独自の統治を行っていた（Lord of Isles）．その最も有力な氏族はドナルド族であり，その子孫はマクドナルド（Mcdonald）と呼ばれるようになった[5]．マクドナルド家はハイランド地方沿岸ならびにヘブリディーズ諸島全域を本家と分家で支配していたが，しかし，それも16世紀後半には勢いが衰えてしまい，逆に勢力を伸ばしたアーガイル伯を擁するキャンベル家におされはじめ，17世紀前半にはアイラ島のほとんどはキャンベル家の支配下におさまった（ちなみに，前述の「キャンベルタウン」の地名は，9代目のアーガイル伯アーチボルド・キャンベル（Archibald Campbell）の時につけられたとされている）．

　アイラ島は小さな島で，辺境のためにアクセスも不便でインフラも未整備であったこともあり，島民の生活はそこまで豊かなものではなかった．しかも，ハイランド・クリアランスによるあおりをうけて人口が減少し，さらには第一次世界大戦と禁酒法の影響で，島内の蒸留所はダメージを負ってしまった．とはいえ，20世紀後半は観光業とウイスキー産業によって不動の地位を築いて，見事復興を果たしたうえ，未だ研鑽を忘れることなく，スコッチファンを獲得

し続ける「スコッチ業界の尖兵」ともいえる働きをみせている.

　1779年創業のボウモア蒸留所はアイラ島では最古参，スコットランドでもかなり古い蒸留所である．自前のモルト造りを昔ながらのフロアモルティングで行っている数少ない蒸留所であり（とはいえ全モルトの30％程度であるが），蒸留所ツアーでもそれを見ることができる．1815年創業のラフロイグ蒸留所は，もともとは家畜の飼料となる大麦をつくっていたのをウイスキー蒸留一本に絞ったジョンストン兄弟によって設立された蒸留所である．その後,経営権がハンター家にうつり，1954年にはスコッチ蒸留所史上初の女性所長となったベッシー・ウィリアムスへ譲渡された．基本的に強いピート香とヨード臭を特徴としており，バーボンのファーストフィル（バーボンがそれで一度だけ熟成された樽）を使用する．徹底した機械管理であり，できあがったワイルドで野性的なスコッチは計算し尽くされた必然ともいえる逸品となっている(ラフロイグとはゲール語で「広い湾のそばの美しい窪地」の意)．ラフロイグ蒸留所は1994年，チャールズ皇太子によってロイヤルワラント（王室御用達）としてウイスキー初の王室御用達許可証を下賜された.

　他にも魅力的な蒸留所が多数あるが，なかでも面白いのが1881年創業のブルックラディ蒸留所である（ブルックラディとはゲール語で「海辺（砂浜）の丘の斜面」

ラフロイグ蒸留所

ラフロイグ蒸留所で使われるピート

の意）．1994年に一時閉鎖されたこの蒸留所は，新オーナーによる2001年の操業再開が話題を呼んだ．というのも，その新オーナーの一人は，かつて「ボウモア」でブランドアンバサダーを務めたジム・マッキューワンだったからである．ジムはボウモアでの成功に飽くことなく，チャレンジングなスコッチ造りに取り組んだ．1つは，コンピューターによる機械制御をせず，むかしながらの（120年以上前の）古い設備を使用し，冷却濾過やカラメル着色を一切行うことのないスコッチ作り，そして，もう一つは，できるだけ地元民を多く雇用する地域振興，そしてさらに，これまでの伝統を継承しつつも伝統に囚われない，新たなアイラモルトを生み出すことであった．

　その代表作が，ノンピーテッドのスムースでエレガントな，しかし麦の力強さを前面に押し出した新しいアイラモルト「ブルックラディ」である．しかし驚嘆すべきは，この蒸留所はこのノンピートをつくる一方で，ラフロイグやアードベッグ以上のピーティーなスコッチを生産してもいるという点である．ピート臭の目安はフェノール値(ppm)によるもので，40ppmはかなりのヘビーなピーテッドウイスキーに分類されるが，ブルックラディ蒸留所はなんと80ppmを超えるスーパー・ヘビリー・ピーテッドの「オクトモア」（オクトモアとはゲール語で「偉大なる8番手」という意味）を生産・販売した．中途半端なものはつくらない，しかし奇をてらっただけのものではない，骨太なスピリッツをそこにみることができる．

　さらに，この蒸留所は今イギリスで最もホットなジンもつくっている．「ボタニストBotanist」（「植物学者」の意）というジンは，人の手で採取した22種類もの野生のアイラ島のボタニカル（植物）を使っている（通常のジンはせいぜい5〜10種類）．実際，2018年3月に私がアイラ島を訪れたとき，ボウモア近くのパブに入って，隣にいた地元の塗装工のお兄さん（蒸留所の白い壁を塗っているらしい）にお勧めのお酒をきいたところ「スコッチよりも，こっちが今は流行っているんだぜ！」といって勧めてもらいはじめて飲んだとき衝撃を受けたものである．それまで飲んでいたジンとはたしかに違い，豊かな芳香を漂わせていた．いずれにせよ，スコッチ業界のリードオフマンであり続けたアイラ島は，21世紀になってもその輝きを増し続けているといえる．

注

1）トラベイグ（Torabhaig）蒸留所はスカイ島2番目の蒸留所であり，2017年に稼働し，2021年にはじめてのスコッチをリリースしている．

2）ラーセィ蒸留所（Rassay Distillery）は日本人にはほとんど知られていないが，スカイ島から船で20分くらいのラーセィ島にある．2017年から操業が開始された．

3）ノース人とはスカンディナビア半島由来の北欧民族の総称であり，そこにはヴァイキングも含まれる．

4）一番新しいのが「アードナホー蒸留所 Ardnahoe Distillery」であり，2016年に建築許可が下りて，最初の蒸留が始まったのが2018年10月である．今後，かつて閉鎖してそのままのポートエレン蒸留所とブローラ蒸留所が復活するというハナシもある．

5）"Mc" とは「息子」「子孫」の意味．

第4章

伝統あるウイスキー vs.新しいウイスキー

お酒は食物から

これまでみたように，「スコッチ」と一言でいっても，それはバラエティー
に富んだものであり，それを生み出す風土的な要因が大きく関わっている．そ
もそも，人々が日常的に嗜む地元のお酒（地酒）というものはその土地の主食
や主産品の原材料からつくられる．小麦からは白ビールやウォッカ，大麦やラ
イ麦からはビール・ウイスキー・ジン，じゃがいもからはアクアビットやジン
（それにウォッカも），さとうきびからはラム酒，米からは日本酒や紹興酒や米焼
酎，高粱（もろこし）からは白酒，さつま芋からは芋焼酎など，人々はその土
地で普段食べるものやその栽培を主要な産業とするものからお酒を造ってき
た．

もちろん，主食となるこれら穀物やイモ類——あるいは養分をもった根や地
下茎——以外からでもお酒はつくられる．たとえば，リンゴからはシードル（サ
イダー），プラムからはスリヴォヴィッツ，リンゴやプラムや杏や洋梨といった
各種フルーツから作られるパーリンカなどさまざまである．それに，文化的交
流のもとグローバルに普及したお酒もあるわけで，その代表格といえばやはり
「ワイン」であろう．それらはローマ帝国以前からヨーロッパに存在しており
嗜好品でもあるのだが，それだけではなく，まさに「生命を繋ぐ水」として人々
の命綱であった．汚れていない飲料水が手に入りにくい時代（さらには冷蔵庫な
どがなく，水の保管もままならない状況）では，アルコールを含むドリンクは飲料
水代わりとして重要なものであったのだ（アルコール分を含むワインに，生水を入れ
て薄めて飲むやり方も実際になされていた）．

　歴史的には，ヨーロッパのキリスト教化のもと，ワインは「イエスの血」として聖餐（最後の晩餐にちなんだキリスト教の儀式）の際に広く用いられるようになる．ヨーロッパ文化とワインとは切っても切れないのだ．しかし，ワインというものはイングランドやスコットランドで手広く生産されるお酒ではなかった．というのも，そもそもブリテン島は冷涼な気候であり，また，南欧とは異なり，晴れた日が長く続くことはそうそうないからである．とりわけスコットランドのハイランドと呼ばれる地方は，岩場や岩山だらけで，農業には明らかに不向きである．農業技術がそこまで発達していない時代，ワインの原材料たるブドウの収穫量は望むべくもなく，ワインはフランスから輸入されるクラレット（ボルドー産ワインのこと）が人気ではあったものの，それは王侯貴族と教会関係者，あるいは或る程度裕福な人たち向けのものであった[5]．

モルトとグレーン

　普通のスコットランド人たち（農民，職人）は，冷涼で荒れた土地でも育ちやすい大麦もしくはオーツ麦（oats）を主食としていた．それをおかゆで食べる習慣は今でも残っているのだが（いわゆる「ポリッジ」），一般市民が飲むお酒はそうした主食を主原料としたものに頼るしかない．そこで，大麦から作られる（ときにオーツ麦もそこに混ぜられたであろう）エールビール，さらには，それを蒸留することでできあがるウイスキーを日頃から飲んでいた[6]．これが，スコットランドにおいて，大麦と水を主原料とするスコッチウイスキーが作られるようになった地理的要因といえる．

　しかし，現代になり，寒い地域でもそれなりにワイン造りが可能となったにも関わらず，今なおスコッチ生産者が大麦の酒にこだわり続けている理由とはなんであろうか？　それはこれから述べてゆくが，注意すべきは，スコッチ造りの歴史は単に同じことの繰り返しなどではない，ということである．目まぐるしく変わる社会情勢のなか，生き残るためには適応・変化するという生存戦略がそこにはあった．しかし，それと同時に「自分たちらしさを失ってはならない」というアイデンティティも保持されてきたわけで，このともすれば二律背反的なバランスのもとで確立されたスコッチ独特のスピリッツ（精神）がある．

　ウイスキーの原材料はビールと同様に麦類であり，初期においてはエール
ビールを──それにハーブなどを混ぜたものを──蒸留していたと思われる．
しかし，コロンブスが15世紀に新大陸（南北アメリカ）からトウモロコシをヨー
ロッパに持ち帰って以降，それをウイスキーの材料として加えることで独特の
風味（特に華やかな香りと甘さ）を出すことに成功した．さらには，農業技術の発
展によって，小麦やじゃがいもなどの収穫量も増え，そこに機械技術・蒸留技
術の進展も相まって，滑らかでスムースなウイスキーを作れるようになった．
こうやって登場したのが「グレーンウイスキー」である．さらに，蒸気機関な
どの開発によって運搬効率もあがり，材料となりうる他の穀物を大量に運べる
ようになると，むしろグレーンの方が主流となった．これは，近代の経済・産
業がスコッチに与えた影響の一端でもある．

ブレンデッドウイスキー論争

　そうしたなか，モルトウイスキーを主流とする蒸留業者たちはスコッチのブ
ランド力を確立するために「モルトウイスキーこそがスコッチだ！」という広
告を1903年に打ち出した．もちろん，トウモロコシ生産（および輸入）業者，グ
レーンウイスキー生産者，そしてブレンデッドウイスキー関係者たちは反論し，
1904年から1905年にかけて論争が繰り広げられた．そうした議論のさなか，
1905年の10月，ロンドンのイズリントン行政区は2つのワイン・スピリッツ小
売商を起訴した．それは「ウイスキーとして求められる性質，実体，品質を備
えていないにも関わらずそれをウイスキーとして販売した」という理由による
ものであるが（Sale of Food & Drug Act 1875に反するということで），その原料の割
合は，10％のモルトと90％のグレーンだったという．その後，どこまでモルト
の割合を定めるべきかという基準をめぐって王立委員会（Royal Commission）が
立ち上げられ議論が交わされたが，1909年には「スコッチウイスキーという語
は，ブレンドされたもののうちのモルトの割合がどんなに少ないものであろう
が，モルトとグレーン，そしてブレンデッドウイスキーすべてを含むものとす
る」という報告書が出された．つまり，ブレンドの割合は不問とされ，さらに
はグレーンウイスキーそれ自体も堂々とスコッチの仲間入りを果たしたという

わけである．これはいわばウイスキーリベラル派の勝利といってよいだろう．

　しかし，保守的なイメージというものも大事である．もしスコッチに関するイメージが「なんでもかんでも混ぜ合わせて作ったお酒なんだってさ……」というものであれば，そんなありきたりなものが末永く求められるだろうか．おそらくそこに甘んじている限りでは，安価なビールや，簡単につくれるジンに押される形で市場から駆逐されていたことであろう．人は，古臭い伝統には嫌気がさすし，そこから解放されようとするが，その一方で，あらゆる伝統を否定することにはどこか躊躇し，神聖なもの，伝統的なルーツというものを求める存在である．新しい風潮を受け入れながらも，混ぜ物なしの「ピュア」で「伝統的」なお酒を求めるというそのムーブメントのもと，スコットランドの独自性を打ち出すような「スコッチ」が次々と登場し，その後もモルトウイスキーはスコッチ市場を席捲することとなる．

　あたかもそれは，自由を愛してあらゆる介入に抵抗しながらも，一方で質実剛健な伝統を守ろうとするスコットランドの国民性が，さまざまな多様性を生み出してきた歴史のようでもある．

注

1 ）最近は，米からのウォッカが日本でつくられている．これは，もともとウォッカの原材料が多岐にわたるものであること，そして，18世紀末に白樺の活性炭を用いて濾過されたものが「ウォッカ」として普及するようになったことがその背景としてある．ちなみに，ウォッカの語源は「水 voda」であり，ウイスキーの語源「生命の水 Aqua Vitae」と類似している．ウォッカもそうであるが，スカンジナビア半島のアクアビットもまた同様の語源である．なお，ポーランドの伝統的なウォッカはライ麦モルトを使用している．

2 ）ジャガイモが定着する以前，ロシアにおけるウォッカやスカンジナビア半島のアクアビットには，さまざまな果実や穀物が使用されていた．

3 ）ワインの起源はジョージア（グルジア Georgia）であり，醸造文化は8000年以上の歴史があるといわれている．なお，ブランデー（brandy）の語源はオランダ語の「焼いたワイン brandewijn（ブランデヴァイン）」であるが，これは主に白ブドウのワインを蒸留して樽に入れ，熟成して製造するものであり，7 〜 8 世紀から行われ始めヨーロッパの王侯貴族に愛された．現在ではフランスのコニャックやアルマニャックなどが有名．

4 ）ビールやシードルも同様に飲料水替わりとなっていた．

5 ）また，ポルトガルとの結びつきが強いイングランドの貴族は，フランスと対立してい

る時期はポルトガル産のワインを飲んでいた［Birmingham 1993：邦訳 86］．逆に，ポルトガル人はイングランドの（あるいはオランダの）ジンを飲んでいた．

6）ただしオーツ麦はタンパク質が多い一方で糖化されるところのデンプンが少ないので，混合比率が大きくなるほど甘味が少なく，また，アルコール発酵されるところの糖が少なくなるためにアルコール度数も低くなる（それに大麦由来のモルトの量が少なければ酵素不足のためにうまく糖化が進まないこともある）．

第 5 章

「麦」の酒

スコットランドのアイデンティティ

　モルト以外の穀類（グレーン）を主原料とするグレーンウイスキーも規定の
レギュレーションを満たせば「スコッチ」と認められているわけではあるが，
しかし，グレーンウイスキーといえども，スコッチである限りは必ずモルト（大
麦が発芽したもの＝麦芽）が混入されている．なぜならば，アルコールが糖から
作られる以上，糖質がそこになければならないが，そんなものがはじめから大
量にあるわけはなく，何かが糖に変えられるというプロセスが必要だからであ
る．スコッチの場合，その風土的事情により，荒地でも栽培可能な大麦（barley）
に豊富に含まれるデンプン質が糖に変えられるわけで，ここにスコッチウイス
キーの原点がある．

　18世紀後半，スコッチのアイデンティティを「大麦の酒」と位置付けた詩人
がいた．その詩人とはスコットランド国外でも有名であり，日本でも「蛍の
光」の作詞者として知られるところのロバート・バーンズ（Robert Burns, 1759-
1796）その人である．バーンズはスコットランド南西部生まれの貧しい小作農
の長男であったが，教養を身につけ，都会にでて活躍した一方，幼いころ学ん
だ地元の民謡を紹介したり，スコットランド風の詩を書くことで，「牧歌的」「質
実剛健」「伝統的暮らし」「自然との調和」といったスコットランド人のイメー
ジを確立した人物といってよい（それがあまりに誇張しすぎた戯画的なものであると
批判されることもあるが）．スコッチに関していえば，彼は「スコットランドの大
麦が作る酒」，すなわちウイスキーを古きよきスコットランドの酒と位置付け，
「スコットランドの酒よ（原題：*Scotch Drink*）」にて以下のように言及している．

　　あんな詩人どもには大騒ぎさせてやれ，
　　フランスのぶどう，ぶどう酒，酔いどれバッカスども
　　……

　　呪われよ，あのブランデーなど，燃えるにせものの酒よ！
　　みんなに苦痛と病気をもたらす憎々しい元凶よ！
　　……

　　スコットランド人よ，古きスコットランドの栄光を願う者よ，
　　きみたち長たる者よ，哀れな文無しろくでなしのわしではあるが，
　　わしはおまえたちに言おう，
　　　　　　　　　　おまえたちには似合わんぞ，
　　苦くて高いぶどう酒や異国の情婦に
　　　　　　　　　手を出すなんて
　　おお，ウイスキーよ！　遊びと戯れの真髄よ！
　　吟遊詩人の心からの感謝を受けとめてくれ！

　こうしたスコッチウイスキーのイメージは，「スコットランドの酒＝素朴で
質実剛健な酒＝モルトを使用したピュアな酒」という図式をつくり，スコッチ
ウイスキーのみならず，スコットランド人，さらにはスコットランドという国
全体にそれが投影されるようになった．そしてモルトウイスキー製造業者だけ
でなく，グレーンウイスキー製造業者も含めたスコッチ製造業者たち全体がそ

バグパイプ演奏者

マル島にて，キルトを着たゲール語聖歌隊
（Gealic Choir）のメンバーと

の古風なイメージを取り入れた広告を使用するようになってゆく[4]．イングランド人とは異なる生活様式をもつ「質実剛健なスコットランド人」というイメージのもと，キルトを着用しバグパイプを吹くようなステレオタイプ的な（イメージのなかの）スコットランド人たちが愛飲しているかのような広告が巷にあふれ出た．そして，スコットランド人とは異なる――ロンドンドライジンを愛する――イングランド人たちも，「旧き良き時代の飲み物」としてそれを愛飲するようになったのだ．

スコットランドのイメージ

　バーンズはスコットランド語[5]を使いながらスコットランドの風景や心情を描写しており，それはイングランドに服従気味であった（そして併合された）スコットランド人たちに誇りを取り戻し，スコットランドのナショナリズムを高揚させた．スコッチが市場を席捲し，その文化的アイデンティティを知らしめるようになった背景には，こうしたステレオタイプ的な「スコットランド」のイメージの普及・定着があった．

　しかし，この「素朴」「自然」というワードは必ずしもポジティヴなイメージだけでなく，「洗練されていない」「粗野」といったネガティヴなイメージを伴うこともある．イングランドと良好な関係にある場合には，イングランド側はスコットランド人に対し，「自分たちイングランド人たちが失ってしまった，素朴で自然と調和した生き方をしている人々」というイメージを抱きがちである．実際，バーンズの詩がスコットランド語だけでなく英語でも書かれていたのは，イングランドの読者たちにスコットランドのすばらしさを伝えるためでもあった．しかし，イングランドとの政治的対立や，イングランド主導で制定された法律にスコットランドが不満を抱いているような場合，そのイメージはネガティヴなものへと反転しやすい．つまり，イングランド側からすればスコットランド人の素朴さや自然的在り方は「野蛮」「貧しくて意地汚い」「欲望のまま生きる洗練されていない人たち」というようにみえるのである．とりわけ，課税と密造の追いかけっこがなされていたスコッチの暗黒時代，そしてそれをとりまく政治的対立の状況において，スコットランド人はそのようにみなされ

がちであった. ステレオタイプ的な「スコットランド」のイメージにはこうし
た両面性が——すくなくともイングランドとスコットランドの関係上は——あ
ることを見落とすべきではない. スコッチは素朴な人たちの, そして粗野な人
たちの飲み物であったし, 彼らは「旧き良き時代の継承者」であると同時に,
イングランドに併合された「大英帝国辺境で暮らす反乱予備軍」でもあった.「キ
レイはきたないし, きたないはキレイ⁶⁾」というように, 物事は表と裏が存在す
る.「スコットランドの素朴さ」は, イングランドからすると「自分たちとは
異なる蛮族たちの粗野な部分」の一端であるし,「スコットランドの質実剛健さ」
とは, イングランドに対する時代遅れな反骨精神をいまだに大事に抱えながら
イングランド化しようとしないスコットランド人の蒙昧さ, とみてとることも
できる. イメージには多面性があって, そこには別の観点からみればまったく
異なる表象を与えるような構造が隠されている, ということには注意を払う必
要がある.

注

1）しかし, 大麦にはグルテンが少ないため, パンのもちもち感を出すためには小麦の方
　が適している.

2）原曲名は スコットランド語の *Auld Lang Syne*（オールド・ラング・サイン）.「久し
　き昔」「遠き日々より」といった意味で, 旧友と再会して酒を酌み交わすという歌. 日
　本ではデパートの閉店時間を知らせるときにかかることがあるが, スコットランドでは
　特にそういうことはない（筆者がカフェで昼の3時にお茶を飲んでいるときにかかった
　ので条件反射的にソワソワしたことはある）.

3）Burns［1993：邦訳 168-176］.

4）消費者を混乱させないため, 2019年現在では「ピュアモルト pure malt」という表記
　は禁止されている.

5）これは古来よりスコットランド系ケルト人（ピクト人）たちが話していた「ゲール語
　Gealic」と異なり, イングランドと国境を接している低地スコットランド（ハイランド
　ではない地域）で話される方言のこと（英語に近いが, 英語とは異なる言語で「スコッ
　ツ語Scots」とも呼ばれる）.

6）この表現は, スコットランド王家を舞台としたシェイクスピアの『マクベス』の冒頭
　にて魔女が語る言葉であり, その含意するものは多義的ではあるものの,『マクベス』
　の文脈に沿うならばこうもいえよう.「キレイはきたない」は, 賞賛される行いや地位
　には醜い背景や隠された欲望があったり, また, 賞賛されるような行為を推奨する道徳

的教説そのものが人間の自然な本性を歪めるような道徳という皮をかぶった欲望の産物
であること，そして，「きたないはキレイ」は，欲望や情動は根源的なものでありそれ
に従うことこそが人間本来の自然な在り方であり，それを否定するような取り繕った道
徳的言説に従う必要がないということである．後者について，『マクベス』の文脈で語
ろうとするならば，「忌むべきこと」とされる振る舞い（王位簒奪）もそれが本来の感
情まかせ，自然の成り行きで成功し，時を経て安定的な治世となれば「良きこと」とな
る，ということであろう．ある行為のきっかけが「復讐」という怒りに由来するもので
あろうが地位独占の「欲望」に基づいていようが，それは結果よければすべてよし，と
いうように称賛されるものとなりうる，ということを含んでいるかもしれない（ただし，
これらはあくまで筆者の解釈にすぎないが）．

第 **6** 章

スコッチの友「ハギス」？

オーツ麦の文化

　スコットランドの食文化を語る際，「大麦」「オーツ麦（エンバク）」といった麦類は欠かせないものである．両者は冷涼な気候でもよく育つので（大麦は低温乾燥に強く，オーツ麦は低温高湿に強い），札幌市よりもその国土の大半の緯度が高いスコットランドでは（札幌は北緯43度，スコットランド南部にある首都エディンバラは北緯55.9度），それら麦類は食用穀物として欠かせないものであった．

　とりわけ冷涼で雨が多いハイランドではオーツ麦がよく食べられる傾向にあり，伝統料理「ハギスhaggis」というのも，そのオーツ麦を使用した料理である．これは，羊の内臓（心臓・肝臓・腎臓など）を細切れにしたものを羊の胃につめて茹であげた（あるいは蒸した），いわゆる加工ひき肉のようなものである．もちろんただ細切れにするだけでは臓物由来の臭みが強いので，そこにオーツ麦，玉ねぎ，ハーブ，香辛料，さらには牛脂や羊脂を練り混ぜ，塩やこしょうで味を整えてある．オーツ麦は日本ではときに「カラス麦」とも呼ばれるもので，味わいとしては小麦や大麦などに比べて雑味が多いが，タンパク質や食物繊維は大麦・小麦よりも豊富で，しかも，コレステロール値や血糖値を抑制するなどの健康効果も高い優れものである．昨今，健康志向食品としてその知名度が高まっているが，スコットランドでは伝統的に食べられている穀物であり，おかゆやクッキーにも使用される．

　前述のバーンズは，スコッチだけでなく，このハギスもまたスコットランド文化の象徴と考えており，なんと「ハギスに捧げる詩（原題：*Address to a Haggis*）」というものまでつくっている．そして，アメリカやカナダなどに渡ったスコッ

トランド系移民たちは現在でも，毎年「ハギスに捧げる詩」を朗読し，ハギス
を食べてスコッチで乾杯する「バーンズ・ナイト（バーンズ・サパー）」を祝って
いる（バーンズ・ナイトはバーンズの誕生日である1月25日に行われる[1]）．

　ハギス用の内臓などは，そもそもが富裕層が食する肉の部位が取り除かれた
あとに残された臓物であって，そうした意味でハギスとは，飢えと貧しさのな
かにいたスコットランドの庶民たちの知恵の産物であり，それはスコットラン
ド人の気風を表すものとされている[2]．そう，ハギスとは，スコッチの友であり，
また，スコッチと双璧をなす，スコットランド食文化の代表格なのである．

　ハギスは伝統的なパブフードとして，スコットランドのパブでもよくメ

〈さまざまなハギス〉

一般的なパブフードとしてのハギス

レストランで提供される「ハギスタワー」

アードベッグ蒸留所内で提供されるハギ
ス。マッシュされたポテトとカブが外側
に巻き付けられ，ウイスキーソースと胡
椒の実がまぶしてある。

スペイサイドのアベラワー村にあるパブ
「マッシュタン」で提供されるハギス。バ
ターで揚げてある。

ニューにのっている．一般的なハギスは付け合わせとして，マッシュされた「カブ turnip」と「じゃがいも potato」がワンセットとして同じ皿に乗っていて（俗語として "Neeps and Tatties" と呼ばれる），スコッチをハギスのうえにかけたり，あるいはスコッチを飲みながら食べるといわれている（それなりのレストランで食べるときは，ウイスキーソースがかかっていることが多い）．味はこってりして少々クセがあるので，私個人としてはビール，しかも苦みがあるラガーや，IPA（インディアンペールエール[3]）が合うような気もするが，スコットランド特有の濃い色のエール（大麦を軽く焙煎し，ややフルーティで麦くさいもの）と合わせるのもよい．

　もっとも，こうしたスコットランドの食文化を小馬鹿にするような人たちもいた．18世紀のイングランドの文学者サミュエル・ジョンソンが編纂した辞書では，「オーツ麦，イングランドでは馬に与えるが，スコットランドでは人が主食としている」と書かれているが[4]，ここにはスコットランドに対するイングランドの優越感，そしてスコットランドへの侮蔑が垣間見える．とはいえ，スコットランド人たちはそれに対して反発もする．スコットランド生まれの法律家・作家でジョンソンの友人でかつその伝記まで執筆したジェイムズ・ボズウェルは，「だからイングランドでは馬が優秀で，スコットランドでは（オーツ麦を食べないイングランドよりも）人間が優秀なのだ」とやり返したという話があるが，ここにスコットランド人のしたたかで誇り高く，ウイットに富んだセンスをみてとることができる．

　とはいえ，オーツ麦の食習慣は古くはイングランドにもあった（イングランドもまた冷涼多雨な地域を多く抱えており，オーツ麦のパンケーキなども食べられていた[5]）．フランス（古くはガリア地方）にも該当するものがあったと言われているので，小麦の大量生産や流通が定着するかつてのケルト文化圏ではオーツ麦を食べること自体は一般的であったのかもしれない．しかし，それがスコットランドにおいては現代まで継続され，スコットランド食文化の一端となった背景には，これまでのスコットランドが置かれた苦境とそれに立ち向かった苦難の歴史が（ウイスキーの歴史同様に）あるのである．

　いずれにせよ，大麦の酒スコッチとオーツ麦のハギスはスコットランド人の誇りであり，それは伝統であると同時に，彼らが苦境・苦難のなか引き継いできた質実剛健さの証なのである．

Column

●スコットランドは美味しい国

　前述のハギスはスコットランドの伝統食ではあるが，だからといって，スコットランド人がハギスを毎日食べているわけではない．パブで知り合った人たちに聞いてみると，「たまに食べるけど，毎日は食べないよ！」という人もいた．日本人が毎日寿司を食べないように，あるいは長崎の人が毎日ちゃんぽんを食べるとは限らないのときっと同じなのだろう．

　スコットランド人がわりと（朝）食べている日常食としては「ポリッジ porridge」というオーツ麦のおかゆである．通常はお湯にとかして塩，あるいは牛乳などを加え，ややマイルドに味付けするが，最近ではナッツをいれたものや，あるいは，フルーツやはちみつなどを入れて甘くしたものもある．前述のように，オーツ麦自体は栄養価もあり手軽に摂取できるので（タンパク質，カルシウム，鉄分が豊富），朝食のシリアルやお菓子の材料としても広く使用されている．ポリッジもハギスもそもそもは貧しい農民の食事であり，ときに近代になるとイングランド人からはスコットランド人の貧しさを表すものとして揶揄されたりもした．

朝食でのミルクポリッジ

羊肉と大麦を煮込んだスコッチ
ブロス

　また，スコットランドではスープも美味しく，羊肉や野菜と大麦を煮込んだスコッチブロス（Scotch Broth）はそれだけでお腹一杯になり幸福な気持ちになれる（「ブロス」とは，骨などを煮込んで出汁をとった濃厚なスープのこと）．

　しかし，スコットランドの人々は麦類だけを食しているわけではない．日本列島に多種多様な食文化があるように，スコットランドの食事も地方によってさまざまな特色がある．ここでそのすべてを挙げることはできないが，おおまかにいえば，岩山が多いハイランドでは羊肉やチーズ，ハイランド以南の平野部では広大な放牧地帯を利用した牛肉，とりわけ有名な品種であるアンガスビーフ（アバディーン・アンガスAberdeen Angus）や新鮮なラム肉が食されているし，海沿いの港町であればタラ（cod）やニシン（herring），さらには，蟹，オイスター，ムール貝など海の幸が豊富である．

アバディーン牛（アバディーン・アンガス）　　港オーバンでの蟹（ソフトシェルクラブ）

　イギリス版ファストフードとして有名なフィッシュ＆チップスも，一般的には鱈（cod）が食べられているが，私がインナーヘブリディーズにあるマル島にいったときにフードスタンドで食べた鯖（mackerel）のフィッシュアンドチップスは最高だった．スペイサイドでは大西洋から遡上する鮭（salmon）やマス（trout）がとれるので，新鮮なサーモンなどが食べられる．また，燻製したハドック（haddock：タラの一種）とジャガイモと玉ねぎをミルクで煮込みバターが加えられたカレンスキンク（Cullen Skink）[6]など，初めて食べたときにはその美味しさに感動したものである．カレンスキンクはルイス島だけでなくウェールズでも食べたことがあるが，おそらくケルト文化圏ではわりと食べられているのかもしれない．個人的な印象では，スコットランドはスープ大国であり，その力強い美味しさは，スコットランドの質実剛健さを示しているようにも思える．

カレンスキンク（コダラ：haddock）を使っているのが一般的

市販のカレンスキンク

●スコットランドのお菓子

　スコットランドの食文化として忘れてはならないのが「スコーン」であろう．それは，小麦粉，大麦粉，あるいはオーツ麦粉にベーキングパウダーや牛乳，バターを加え，ときにドライフルーツをまぶして成形して焼き上げた焼き菓子であり，最近は日本でも手軽に食べることができる．語源は中世オランダ語で「白いパン」を意味する "schoonbrood" と言われるが，かつて王位継承の儀式の場でもあった「スクーン Scone」の地名に由来するとも言われており，それは今やイギリスを代表する（紅）茶菓子となっているが，もともとはスコットランド生まれであるということを知らない人もそこそこいるようである．他には，世界的に有名な Walker's Shortbread がある．これは1898年，21歳の Joseph Walker がはじめたお店のレシピを今なお受け継いでいる有名な菓子メーカーである．本社は，スムースなシングルモルトの産地として有名なスペイサイドのアベラワー村にある．他にも，スコッチとオーツ麦を使用したスイーツ「クラナハン」という，まさにスコットランドが生み出した大人のデザートというべきものもある．

　いずれにせよ，スコットランドでは，多種多様で，しかもフレッシュな素材を使った美味しい料理がたくさんある．デパートなどでは「北海道物産展」なるものを目にするが，おそらくそれは素材の良さ，多種多様さが人々の目を惹くものだからだろう．だとするならば，「スコットランド物産展」なるものがあってもよいはずである．「イギリスという国は食事はまずい」と決めつけている人は一度スコットランドに行って，是非食事をしてほしい．日本のどこにも引け

をとらないはずだ.

アベラワーにある Walker's Shortbread
本社

スコーン(焼菓子)

注
1) さまざまなゲームをしたり, 招かれた話し手はバーンズの生涯と作品に独自の視点を入れて語ったりなどさまざまなである. ただし, 最後に手をつないで輪になって「オールド・ラング・サイン」を合唱するのは共通とのこと.
2) とはいえ, もともとはスカンディナビア由来のものと言われており, 1390年あたりではイングランドでも食べられていたようである(レシピがある). しかし, 18世紀には他地域であまり食べられなくなり, その一方でスコットランドでは食べられているということが各国で紹介されるようになり, それはスコットランドの食文化として位置づけられた [Dickson 1998].
3) エールとは上面発酵のビールであり, 常温で短期のうちに発酵してつくられるものである. そのうちのペールエールとは, 淡い色(ペール)をした, 大麦麦芽からつくられるものである. IPA(インディアンペールエール)とは, イギリスからアジアの植民地(とりわけインド)へ運ぶ際に大量のホップが保存料として使用されたことに由来するもので, ホップ由来の苦みが他のビールよりも強いが, その苦味を好む愛飲家もいる.
4) Johnson [1755] "Oats" の項目を参照.
5) 有名なものに Staffordshire Oatcakes などがある.
6) Cullen とはスコットランドの Moray にある小さな村で, ここがカレンスキンクの発祥ともいわれている.

第 **7** 章

スコッチの条件

　ここまでは，なんとなく「スコッチ＝スコットランドのお酒」みたいな語り方をしてきたが，一度ここできちんとウイスキーとは何か，そして，スコッチとは何か，ということについてみてゆこう．

　蒸留酒の一つ，「ウイスキー（whisky もしくは whiskey)[1]」とは，大麦・ライ麦・小麦・トウモロコシなどの穀物のうちいずれか（もしくはその組み合わせ）を原料とし，そのでんぷん質をモルト（大麦麦芽）の酵素で糖化したのちにアルコール発酵させ，それを蒸留した酒類である．そのウイスキーの一ジャンルでありスコットランド発祥の「スコッチ」の主原料は大麦であり，そもそもの原酒は無色透明であるのでいわば麦焼酎のようなものであるが[2]，販売されている実際の日本のそれよりも琥珀色であり，樽の芳香に加え，なにか土臭い独特のクセがある酒という感じである．

　同様に，大麦を主原料とするアイルランド発祥のアイリッシュウイスキーは滑らかで飲みやすく，コーンを主原料の51％以上含有している（アメリカンウイスキーの代表格である）バーボンは焦がした樽の香り，そしてそれと絡まりあった花の香のような力強い自己主張がある．

　おおよそ，このようなイメージは間違ってはいないが，しかし，それは「傾向」ではあっても，それぞれのウイスキーの条件というわけではない．スコッチというものを理解するためには，外的特徴や印象だけでなく，何がスコッチであるかを決定づけている諸条件をきちんと指し示したうえで比較する必要があるだろう．

　「スコッチ」は，スコットランドで作られるウイスキーであることはもちろんなのだが，それだけでなく，以下の規定（レギュレーション）にようにいくつかの条件が付されている（The Scotch Whisky Regulation 2009)[3]．

スコッチの基本的条件

① （グレーンが加えられる場合も含め）モルトと水からつくられ，スコットランドの蒸留所において蒸留されたものであること．

② 粉砕したモルトやグレーン（mash）＋水（お湯）→ 麦汁（wort）→ もろみ（ウォッシュ wash）→ 蒸留 といった製造過程がスコットランドの蒸留所において行われること．

③ 700リットルを超えないオーク樽での熟成

④ 3年以上樽熟成されていること（スコットランド国内の許可された場所）[4]．

⑤ 水と無味カラメル着色料以外は何も足されていないこと．

⑥ ボトルで販売されるものとしてアルコール濃度が40％以上であること[5]．

　以上がスコッチの（おおまかな）レギュレーションである．蒸留回数についての規定は特にないが，一般的にはスコッチは蒸留回数が2回のものが多い．1回目の蒸留ではアルコール度数20％程度の**ローワイン**と呼ばれるものができ，それを再度蒸留し，そこから出てくる**ヘッド**（はじめの部分）と**テイル**（おわりの部分）を除いた，アルコール度数70〜80％程度の中留液（ニューポットもしくはニューメイク）が2回蒸留済みの「原酒」として取り出され，樽熟成へとまわされる（ヘッドとテイルは2回目の再蒸留器に戻されて有効活用される）[6]．

　バーボンは蒸留回数1回が主流であり，アイリッシュは3回が主流であるので，スコッチは両者の中間ともいえる．しかし，蒸溜回数やその手法は各蒸留所の判断にまかされており，スコッチならではの正式な蒸留規定はない．スムースなテイストが特徴的なスコッチ「オーヘントッシャン（AUCHENTOSHAN）」の蒸留回数は3回である．また，モルト作りにおいてピート（泥炭）を燃料として使わなければならない決まりもない．昔であればいざ知らず，近代においては石炭やガスが使用されるケースも多い．

　もちろん，3年間の樽熟成は「決まり」ではあるのだが，熟成にはどんな樽を使ってもよい．アメリカンオークであろうがスパニッシュオーク（ヨーロピアンオーク）であろうがフレンチオークであろうがジャパニーズオーク（ミズナラ）

であろうがなんでもよく，樽は新樽をつかってもよいが，バーボン熟成に使用した樽であろうがシェリー酒熟成に使用した樽であろうが(その両方であろうが)，⁷⁾どれをどのように使用してもよい（赤ワインやラム酒を熟成させていた樽を使用するケースもある⁸⁾）．一般的に，バーボン樽熟成は華やかな香りや味わいを生み出し(バニラ香，青りんごの風味，オレンジピールのさわやかな苦みなど)，シェリー樽熟成は重厚なテイストを生み出す（シナモンやカカオ，蜂蜜といった風味）．樽熟成の期間については「3年以上」という規定はあるものの，その枠内においてはかなりの自由度があるといえよう．

　スコッチといってもすべてがモルトウイスキーではなく，グレーンウイスキーのように，他の穀物（トウモロコシや小麦といった大麦以外の穀物）が主原料となることもあるが，それでも「モルト」は使用されなければならない（とはいえ，ものによってはモルト量がおよそ10％程度であることもありえるのであるが）．モルトを必要とする理由としては，大麦やトウモロコシに含まれるデンプン質を糖に変える酵素をモルトがもっているからであり，その酵素をもって，糖化液である麦汁（ウォート）を作ることこそが「スコッチ」と呼ぶための条件となっているからである．

オフィシャルとボトラーズ

　また，樽熟成されたスコッチであっても，その販売経路は大きく2つに分かれる．1つは蒸留所名義で販売する「オフィシャルボトル」(通称**オフィシャル**)，もう1つは，蒸留所から販売業者が原酒を直接購入して（通常は樽買い），独自にその業者が熟成・瓶詰・販売を行う「インディペンデント・ボトラー」(通称**ボトラーズ**)である．ボトラーズのものは独自のラベルが貼られ，いろんな工夫がなされたりもしているので，蒸留所が販売する同じ熟成年数のオフィシャルに比べると多少割高なものも多く，事情を知らない人からみればあたかもダフ屋のように蒸留所にフリーライドしているかのようにみえるが，そんなこと⁹⁾はない．それどころか，実は蒸留所（ディスティラリー）にとってもボトラーズはありがたい存在で両者は共生関係にあるし，それだけでなく，間接的には消費者にとっても有益な存在である．なぜなら，蒸留所はボトラーズに原酒を売

ボトラー「シグナトリー」のビンテージ　　　エルギンにあるボトラーズの最大手
ボトル　　　　　　　　　　　　　　　　　　G&M社

ることで，蒸留所だけで販売したときにウイスキーが売れ残ったりするリスク
を避けることができるし，また，自分たちで熟成・瓶詰するコストを減らすこ
とで，一定の利益を確保しやすいからである．すると，その分，蒸留所はその
利益を原材料調達や施設整備，新商品の開発などに使うことができて，高品質
の商品を大量にかつ持続的に生産できるので，消費者にとってもそれは望まし
い結果をもたらす．それに，ボトラーズのものは従来のオフィシャルに独自の
エッセンスが加えられたものもあり，それはウイスキーマニアに新たな驚きを
与えてくれる．

モルトとグレーン，シングルモルトとブレンデッド

　スコッチにおける「モルトウイスキー」の定義は，水と大麦麦芽（**モルト**）
のみを主原料とするものである．原酒製造の第1段階は，モルトを砕いて煮込
み（最初は65℃前後，次は75℃前後，最後は85℃以上で煮込むなど），麦汁である**ウォー
ト**（wort）をつくる．その際のモルトはそのまま煮込むのではなく，煮込む前
にミルによって砕くが，その大きさも大きい順に**ハスク**（husk），**グリスト**も
しくは**ミドル**（grist or middle），**フラワー**（flour）とおよそ3種類に区分される．
それぞれの比率は主に2：7：1もしくは，2：6：2などと言われるが，蒸
留所によって若干の違いがあり，また，混合比率を秘密にするところもある．

ミルによって砕かれたモルト

熱をあててモルトを乾燥させている
（ボウモア蒸留所）

　実はこれは製造過程においてわりと重要なものであって，量が量だけに，比率
を少し変化させるだけでも大きく味わいは変化はするし，しかも，その後のア
ルコール発酵の時間にもそれが影響を与え，そしてその後の蒸留時間もそれに
応じて変化するため，この部分を「たかがモルトの砕き方でしょ」といって，
いい加減にそれをするわけにはいかない．そう，スコッチづくりは，最初の段
階から真剣でなければならないのだ．

　第2段階は，ウォートに酵母（通常はウイスキー酵母だが，ビール酵母を加える場
合もあり，それぞれの種類もさまざまである）を加えアルコール発酵させた結果，
「ウォッシュ」を作る．第3段階は，それを単式蒸留器（いわゆるポットスティル）
で蒸留させるというもので，そこで最終的に得られたものがモルトウイスキー
の原酒である．

　他方，「グレーンウイスキー」は，主原料がモルトではなくそれ以外の穀物（ト
ウモロコシ）というだけで，それ以外の製造過程はだいたい同じだが（グレーン
にモルト由来の活性酵素を加えるという点でも），注意すべきは，モルトウイスキー
は**単式蒸留器**（ポットスティル）を使用した昔ながらの伝統的な作り方，そして，
グレーンウイスキーは効率よくアルコールをとりだせる**連続式蒸留器**によって
蒸留されるもの，という点である．つまり，たとえモルトと水しか原料として
使用していなくても，単式蒸留器ではなく連続式蒸留器を使用した場合には「グ
レーンウイスキー」として扱われるのだ．もちろん，トウモロコシや小麦を原
料とするものが単式蒸留器でつくられたとしても，それはそのまま「グレーン

ウイスキー」となる（つまり，「モルトウイスキー」はモルトと水を主原料とすることに加え，ポットスティルで蒸留するという条件が付与されている，ということである）．ここらあたりはややこしい．

　いずれにせよ，こうやって原酒ができるわけであるが，そのまま売るだけではなく，そのウイスキーの味の8割方を決定する樽熟成が行われる．その樽熟成後にどうやって瓶詰されるかによって，それがシングルモルトかそうでないか，などが決まってくる．

シングルモルトは，なにが「シングル」なのか？

　「シングルモルト」とはよく耳にする単語かもしれないが，これは，同一蒸留所内で製造されたモルトウイスキーの総称である．つまり，同一蒸留所内のモルトウイスキー同士をブレンドさせたものもシングルモルトと呼ばれるのだ．以前，ウイスキー通を自称するおじさんが「シングルモルトは混ぜていないピュアなウイスキーなんだよ……知ってたかい？」と，連れの女性にレクチャーする場面に出くわしたことがあるが（もちろん，Barでそれにいちいち突っ込むほど野暮ではないが），厳密にいうならば，世間一般に「シングルモルト」と銘打って販売されているものの多くは，「異なる樽のモルトウイスキー同士が同一蒸留所内でおそらくは混ぜられているであろうスコッチウイスキー」なのである．

　大桶で仕込むことは“vatting”（ヴァッティング）と呼ばれるが，ここから，かつては大桶に混ぜる形で仕込まれた複数ウイスキーの混合形態は“vatted whisky”と呼ばれていた．しかし，これだけではその蒸留所で作られたモルトが混ざっているのかグレーンが混ざっているのか，あるいはその蒸留所と他の蒸留所のいろんなものが大桶で仕込まれたのかがいまいち判明しない．ゆえに，現在では，その蒸留所内のモルトウイスキーだけを使用したものはシングルモルト，複数蒸留所のモルトウイスキーを使用したものはブレンデッドモルト，と呼ばれるようになった（vatted whiskyという区分は現在は使用されていない）．

　つまり，ここでいう「シングル」とは「単一蒸留所」という意味であって，シングルの樽，すなわち一つの樽という意味ではない．一つの樽に入っている

モルトウイスキーを混ぜることなくそのまま瓶詰して販売する場合，一般的には**シングルカスク**と表示される．また，これと似た表現である**カスクストレングス**とは，ボトル詰めの際に加水することなく樽からそのまま取り出したもの——一般的にはアルコール度数40％を遥かに超える「強さstrength」をもったもの——という意味であるが，それがシングルカスクかどうかはまた別の話である（というのも，カスクストレングスでも複数の熟成樽から取り出した未加水のもの同士を混ぜているということもありうるので）．もっとも，ほとんどの場合，カスクストレングスはシングルカスク（もしくはシングルバレル）であるのだが，逆に，シングルカスク（シングルバレル）には加水済みのものも可能性としてはある．

　シングルモルトに話を戻すならば，もちろん混ぜていない，一つの樽から瓶詰されたシングルモルトも可能性としてはありうるのだが（定義上，そして論理上，混ぜられていない単一樽由来のものはすべて「シングル」なはずなので），同じ蒸留所内でつくられた異なるモルトウイスキー樽の中身を混ぜていたとしても——そしてたとえ混ぜるモルトウイスキーの熟成年数が違っていても——それはやはり「シングルモルト」と呼ばれるし，そのように表記されている．

　ちなみに，ウイスキーのボトルに表示される熟成年数「5年」「10年」「12年」などは，使用されている樽熟成の原酒の最低年数を表示しているので，「12年」と表示されているウイスキーに18年や20年を超えるものが混合されていることは普通にある（これはシングルモルトウイスキーであれブレンデッドウイスキーであれ同じ）．

ブレンデッドも大事！

　「ブレンドされたウイスキー」と呼ばれるものは，純潔性・純粋性のイメージにこだわりがちな人たちからするとどうしても安っぽくみられがちであるのだが，ブレンドされたウイスキーにもいろいろある．そもそも，現在のシングルモルトブームそのものが，1960年代以降のものにすぎない．1963年，「グレンフィディック」のオーナーであるサンディ・グラント・ゴードンがニューヨークにシングルモルトを売り込みに行ったときにはそれは無謀な挑戦と言われたものであったが，それが実を結び，昨今のシングルモルトブームがある．しか

し，それ以前はブレンデッドが主流であった．とりわけ，第二次世界大戦以前はモルト作りやモルトの仕入れに限界がある時代でもあり，モルトウイスキーにグレーン（穀物）を使用したグレーンウイスキーを混ぜることはごく当たり前であったし，他の蒸留所で作られたモルトウイスキーと自社製品のモルトウイスキーを混ぜることもごくありふれていた．

　分類上，（１）異なる蒸留所同士のモルトウイスキーを混ぜたものは**ブレンデッドモルトウイスキー**，（２）異なる蒸留所同士のグレーンウイスキーを混ぜたものは**ブレンデッドグレーンウイスキー**と呼ばれる．

　当然，（１），（２）とは異なる区分として，（３）モルトウイスキーとグレーンウイスキーがブレンドされた**ブレンデッドウイスキー**と呼ばれるものがある．このブレンデッドウイスキーこそが，世界にウイスキーを広めた主戦力であった．大量生産ゆえにそこそこの品質のものであっても手軽に飲めるような価格のもとで市場を席捲し，しかしモルトウイスキーの伝統を保持しているということでスコッチへの門戸を開放し，多くの人を誘うきっかけともなったのだ．しかし，だからといってモルトウイスキーよりもブレンデッドが安っぽいというわけではない．たしかにブレンデッドは大量生産しやすいため価格もお手頃になりやすく，全般的にみれば大衆向きであるには違いないが，「ジョニー・ウォーカー」「シーバスリーガル」「バランタイン」「ロイヤルハウスホールド」など，日本でよく知られるブレンデッドのスコッチ（blended scotch whisky）のなかにはものすごく高価なものもある．

　ところで，ブレンデッドウイスキーの場合，混ぜられるそれぞれのウイスキーは同一蒸留所内のものかどうかは問題とならない．ブレンデッドウイスキーは多くの場合「キーモルト」と呼ばれる軸となるモルトウイスキーに，数種類のモルトウイスキーとグレーンウイスキーを加えることで全体の味が調整される．ブレンデッドウイスキーは――シングルモルトやブレンデッドモルトと同様に――毎年同じ味を再現することが求められるが，その調整・調合が非常に難しく，ワインのソムリエばりのテイスティング能力がブレンダー（調合する人）に要求される．つまり，鋭い味覚と嗅覚はもちろんのこと，調整能力や緻密な計算が求められるのだ．ゆえに，「安っぽい混ぜ物」のイメージとは大きくかけ離れた，一種の芸術作品であることを知っておいてもらいたい[10]．

注

1）アイルランドやアメリカでは whiskey のスペルが使われるが，スコッチをはじめ，その他地域では whisky が使用される傾向にある（スコットランドから蒸留技術をもちこんだ日本でも whisky が使用されている）．

2）一般的には，麦焼酎をはじめとする日本の焼酎類には（芋焼酎も含め）米麹が使用されている．奄美地方でサトウキビを主原料としてつくられる黒糖焼酎も米麹が使用されているので焼酎のカテゴリーであるが，米麹が使用されていないものについては「ラム」という分類になる．

3）他にも「原料と製造工程由来のアロマとテイストをもつようにアルコール度数94.8％以下で蒸留されていること」など，いくつもの制約がある．詳しくは http://www.scotch-whisky.org.uk/media/12744/scotchwhiskyregguidance2009.pdf，2021年 7 月 7 日閲覧．

4）熟成庫（ウェアハウス）は蒸留所の敷地内にあるものもあれば，船で積みやすい港に倉庫を借りてそこで熟成させたり，温度が一定に保ちやすい地域で熟成させるケースなどいろいろある．

5）蒸留液そのもののアルコール濃度は40％よりも遥かに高い．樽熟成をすることにより，水分も蒸発するが揮発性が高いアルコールもまた蒸発するので味がまろやかになる（この際，失われてしまった分は「天使の分け前 Angel's Share」と呼ばれる）．もっとも樽熟成したものでも60％を超えているので，40％程度にまで加水をして薄めるのが一般的である（アルコール度数は40％を超えていればスコッチとして販売できるので，50％程度のもので販売されるものもある）．

6）ヘッドやテイルはアルコール度数が低いものがあるので，どの段階のものがニューメイク（ニューポット）として使用できるかを計る機器が蒸留所内に置かれている．

7）樽熟成において材質のポリフェノールがウイスキーに溶け込む効果としては，シェリー樽が一番高いといわれている．もちろん，最初に蒸留液を詰めて熟成させるファーストフィル（first fill）で使用された樽の方が，そこに蒸留液がさらに加えられて再度熟成に使用されたセカンドフィル（second fill）よりも樽熟成の効果が高いのはいうまでもない［北條 2015：305-310］．

8）しかし，「バーボンウイスキー」については，基本的には新樽（を炭化処理したもの）を使用しなければならないという規定がある．

9）ダフ屋の介入が禁止される理由は，①ある顧客たちは従来よりも高値でしかチケットを買うことができず，ゆえに，②介入しない場合に興行主が得られたかもしれない可能的利益がそこでは毀損されており，さらには，③その可能的利益から，つまりは，興行主自身がチケットを値上げしてそこから顧客へ還元できたであろう追加的サービスの可能性をつぶしている，といった「負の外部性」ゆえにである（日本では各種法律や条例によってダフ屋行為は禁止されている．イギリスでも基本同様である）．

10）といっても，シングルモルトの場合にもブレンダーが（多くの場合は蒸留所内に）いるわけで，結局のところ，ウイスキーそのものが 1 つの芸術ともいえるものである．

第 **8** 章

樽熟成の歴史

密輸時代の偶然

「樽熟成」の始まりについては確定的な資料があるわけではないが，多くのウイスキー研究者によれば，それは密輸時代（Smuggler Era）であったといわれている．密造・密輸業者たちは収税吏に見つからないためにそこらへんの樽にウイスキー原液を詰めて隠しておいたものが，取り出されたときに琥珀色の美味しいスコッチとなっていた，ということである（そもそも蒸留直後のウイスキー原液は無色透明なので）．

もっとも，樽次第では木のえぐいニオイが付きすぎたり，あるいは以前にその樽で熟成させていたエールやワインなどのクセがウイスキーにつきすぎて，ウイスキー独自の風味がかき消されることもある．うまく熟成させれば美味しくなるにしても，その分手間と時間がかかり，結果的には庶民に手が届く価格にはなりにくい．限られた顧客にしか出回らないのであれば，トータルの収益もそこまで望めないので，手っ取り早く儲けるには多数の市民に向けて販路を拡大したほうがよく，そのためには——それこそジンのように——蒸留してからすぐに（樽熟成することなく）出荷するやり方が望ましい．

実際，20世紀初頭までのスコッチはそこまで長期熟成された高級酒というものではなく，手っ取り早く飲めるところの「安酒」「庶民の酒」として，市民をアルコール依存症に陥れる恐るべき酒と認識されていた．「スコットランド人は大酒飲みで，朝から晩まで酔っ払っている」というのは，19世紀の大英帝国内では常識ともいえるものであった．実際にはイングランドでも地域によってはそうしたことは起きていたのではあるが，どうも「大酒飲み」＝「田舎者」

というイメージは万国共通のようである．たとえば，私は九州の田舎の出身であるが，よく「いつも強い酒（焼酎）を飲んでいるんでしょ？」「田舎だからお酒しか楽しみがないよね」「大酒飲みが多い（お酒が強い人が暮らしている）地域だから，お酒飲めないと人付き合いが大変でしょ」と言われたものである．まあ，そこまで間違いではないのだが．

しかし，イメージというものは変わるものである．かつては日本酒が作れない地方で，貧しい労働者の飲み物であった「芋焼酎」が，今や日本酒をはるかに上回る価格となるほどブランド化して値上がりしたように（「森伊蔵」など），スコッチもまた「紳士の酒」としてブランド化されてゆく．そこには，小規模生産でありながら丁寧に作るという，高級感・プレミア感の付与がある[1]．今やスコッチの樽熟成は 3 年以上と法律で定められており，それがスコッチを「琥珀色の酒」としてその品質を一定レベルで保証するものとなっている．樽熟成の期間が長ければ長いほど，その味はまろやかになってゆくが，その分だけ，樽熟成中に蒸発するので（いわゆる**天使の分け前（エンジェルズシェア）**のこと），取り出せる液量が減ってくる[2]．それに，樽香が付きすぎたり，原酒の個性がなくなってゆくなどの懸念があるが，一般的にスコッチにおける樽熟成はスコッチを美味しくする決め手ともいえる．なかにはハイランドモルトのオーバンのように「14年未満のものは売りに出さない！」というこだわりの蒸留所もある．

災い転じて福となる？

こうしたスコッチの熟成手法が定着したのはおそらく1700年代頃であっただろうが，それは現在においても定着し，樽熟成 3 年ルールは現在は法律でも義務付けられている．ここから，こうした 3 年ルールについて，「ああ，きっとこうしたルールは，スコッチを美味しくしてそのブランド力を高めるために作られたんだ……」と考える人もいるかもしれないが，歴史的経緯をみればそういうわけでもない．

ルール制定の背景には，スコッチ生産者の理念というよりは，むしろ，飲酒を危惧・忌避する社会情勢，そしてそれに抵抗しようとした生産者たちの譲歩や妥協といった政治的事情があった．20世紀初頭，当時の禁酒主義者たちの意

向を受けた大蔵大臣ロイド＝ジョージ[3]はスコッチを禁止にするか，あるいは重
税を課すかのいずれかを検討していた．時代は第一次世界大戦（1914〜1918）と
いうこともあり，食料備蓄は十分ではないし，また，アルコール依存症患者が
増加することで社会不安が増大することを防ぎたかったこともある．しかし，
闇雲な強硬策がろくでもない結果を招くのは過去の事例からも明らかである
（これについては後述）．そこで政府と蒸留業者との間で妥協案として提案された
のが，市場に大量のウイスキーが出回らないための「2年熟成庫保管ルール」
であった．これはイギリス国内の蒸留酒の消費量を抑制すべく，1915年の 'the
Immature Spirits（Restriction）Act' で制定されたものであるが，その後の同
様の法律を経て，結果としてそのルールはスコッチの品質を保持する熟成レ
ギュレーションとして現在まで継承されており，それはワインでいうところの
ビンテージのように，スコッチの「格」を示すものとなっている（ただし日本の
ウイスキーについては熟成年数のレギュレーションはいまのところない）．樽熟成の仕方
もいまはさまざまであり，それらすべてを網羅するならば，さらにここから1
冊は本を書かねばならないが，しかし，ウイスキーを美味しくのむときに樽を
意識することは悪いことではないのでここで簡単に言及しておきたい．

樽熟成にもいろいろある

　通常，スコッチは新樽で樽熟成されることはそこまで多くない[4]．バーボンや
シェリー，あるいはワインやラムやコニャックが熟成するのに使われた樽を蒸
留所が引き受け，自分たちで蒸留したモルトもしくはグレーンウイスキーをそ
の使用済の樽に入れて熟成させる（最初に樽熟成をする際，それは**ファーストフィル**
(first fill) と呼ばれる[5]）．これによって，樽香だけでなくその前に入っていたバー
ボンやシェリーの香りや味わいがウイスキー原酒をさらに鮮やかに飾るという
わけだ．こうして作られたファーストフィルのスコッチを取り出し，さらにそ
の樽（カスク）を引き続き使えばそれは**セカンドフィル**（second fill）と呼ばれる
ものとなる．ファーストフィルかセカンドフィルかを明記しなければならない
規定はないが，ファーストフィルの方が樽の影響をより強く受けて華やかな香
りとリッチな味わいとなりやすいため，それを強調すべく「ファーストフィル」

ボウモアのウェアハウス

ジュラ島蒸留所の樽置き場

とラベルに記載することは珍しくはない.

　樽の材質は,「アメリカンオーク」「スパニッシュオーク」「フレンチオーク」「ジャパニーズオーク（ミズナラ）」などいろいろある. 樽のサイズでいえば,「クォーターカスク」「バレル」「ホグスヘッド」「パンチョン」「バット」「ドラム」その他たくさんあるが, 小さければ小さいほどウイスキー原酒と樽とが接しやすく熟成のスピードが速い. 昨今では, 複雑な味わいをだすために, 1つの樽で通常の長期熟成のあと, その原酒をさらに別の樽を使って, 数ヵ月〜2年程度熟成させるという「ウッドフィニッシュ」, あるいは, 複数の樽の原酒を混ぜ合わせ, なじませるために別の一つ樽でその混ぜ合わせたものを熟成させる「マリッジ」など, もはやウイスキーは単なる大麦の酒を超えた「樽の芸術」ともいえるものとなっている.

　注

1）鹿児島の芋焼酎「森伊蔵」は, コシヒカリを使用した米麹を使用し, サツマイモを昔ながらのかめつぼで発酵（そこに1885（明治18）年から続く木造の建物にしみついた酵母が働き）, その後できあがった焼酎をさらにかめつぼで3〜10年熟成させるなどして, 従来の芋焼酎のイメージを劇的に変革した. 当然その販売量は多くはないが, こうしたプレミア感の付与のおかげで高価格のまま販売しても顧客が殺到し, 商売上の戦略としてはこれ以上ないほどの成功をおさめた.

2）通常, エンジェルズシェアによって蒸発する量は年間2〜4％と言われている. 25年物であれば, 最初は満タンの樽であってもよくて60％程度しか原酒は残っていないので,

どうしても値が張ってしまうのは仕方ないだろう（売りさばくことなく，それが何十年も保管場所を占めているというコストも考慮するならば）．

3）その後の1916〜1922年の間に首相を務めた．

4）ただし，新樽オーク（virgin oak）を使用することで，スパイシーでペッパーな木香をあえてつけるやり方もある．

5）シェリーカスクには「フィノ」「オロロソ」「モスカテル」「ペドロ・ヒメネス（PX）」など，ワインカスクには通常のワインの他，酒精強化ワインである「マデイラ」「ポート」「マルサラ」などを使用したものなどさまざまである．

第9章

スコットランドのパブ

いろんなスタイルがある

　ここでは個人的体験に基づいたスコットランドのパブ，いわゆるスコティッシュパブについて語っていこう．しかし，「スコティッシュパブにはこんな特徴があって……」と説明するのはとても難しい．というのも，アイリッシュパブにおいて週末のアイリッシュダンスのパフォーマンスがあるような，まさにスコットランド！　といったイベントが定期的に催されているわけではないからだ．イングランドのようにモダンなロックミュージックが，あるいはアイルランドのようにケルトの伝統的音楽がかかっていたり，あるいは生演奏がなされているときもあるが，「スコットランドのパブでは一般的にこんな音楽や踊りが……」というものは特にみあたらない．いや，特徴があるとすれば，スコットランドのミニ国旗が飾られている点であろうか（いつもではないが，割と見かけ

写真上部に連なっているスコットランド国旗

る）．スコットランド人は自分たちの国旗であるセントアンドリューズクロス[1]をとても大事にしている．

　もっとも，私がこれまで廻ったスコットランドのパブは総じて，アイルランドやイングランドのそれと同様に「社交場」でありながらも，地元民が一人でふらりときて好き勝手に寛ぐこともできるような「第二の家」という感じであった．

　私の経験上，エディンバラやグラスゴーといった大都市のパブはかなり洗練されてモダンなものが多く，そしていろんな客が頻繁に入れ替わっているので，腰を据えて飲むというお客はあまりいないし，客同士で仲良くなったり，あるいは，バーテンダーとおしゃべりをするということもなかなかできない．なんせみんな忙しないからだ．もしあなたが地元のスコットランド人と交流を深めたければ，田舎のパブ巡りをする方が断然よい．バーテンダーとも地元民ともいろんな話ができるだろう．

　ちなみに，私のこれまでのパブめぐりで一番興味深かったハナシは，2012年にオークニーに行ったときに出会ったバーテンダーに「日本について何か知っていることある？」と聞いたら，「Takeshi's Castle（風雲！たけし城）．That's crazy!」[2]という返事がきたことであった．

ジャパニーズウイスキーも人気？

　もちろん，人の出入りがそこまでないような田舎だと常連客やバーテンダーから最初はジロジロ見られるかもしれないが，挨拶をして，「スコットランドは初めてなんです．おすすめのスコッチあれば教えてください」と尋ねれば，たいていは「これを飲んでみろよ！」と教えてくれる．気を付けるべきは「おすすめのウイスキーは？」という質問と，「おすすめのスコッチは？」という質問は似て非なるものであるということだ．2011年，国際学会のためにエディンバラに着いてすぐに入った小さなパブ——エディンバラ大学の学生寮近く——で「おすすめのウイスキーをお願いします」といったら，山崎12年を出されたことがある．私はそのとき「いやいや，私は日本人だから！」といったら，「お前が「おすすめは？」といったからだろう」と返された．おすすめの理由は，

つい最近の世界的なウイスキー品評会で山崎12年が金賞をとったから，ということだった（おそらく2010年のISC：International Spirits Challengeのことだろう）．いや，たしかに山崎12年は美味しかったのだが．

　アイルランドのパブは週末には演奏やアイリッシュダンスをしているという印象だが，スコットランドではそれほど頻繁にそうしたイベントが行われているという印象はない．もちろん，それなりにいくつかの生演奏に出くわしたこともあるが，わりと目についたのは，ビリヤード台を置いてあるところが多かったということだ．スコットランドのパブも千差万別であるが，個人的な印象としては，誰もが自分の好きなことをそれぞれしている感じであって，或る客はクロスワードパズルに興じていたり，或る客はビリヤードをしていたり，或る客は常連同士でおしゃべりをしていた．そう，スコットランドは自由の国なのである．もっとも，サッカーでスコットランド代表が戦うときはパブでみんながテレビに集中するので，ときに「スマホの電源切っとけよ」と言われることはあるのだが（ローランドの田舎のパブで2回ほどあった）．

Column

●犬もお客様？

　地方のパブを巡るといろんな出会いがあるが，それは人間とだけではない．或る日，オークニー諸島のメインランドのパブに入ったが，そこは，食事後に地元民が集まってサッカー観戦したりおしゃべりをするような寄合所の雰囲気が強く，私のあとに続々と常連客がなだれ込んできた．私がカウンターの隅っこで地元のスコッチ「ハイランドパーク」をちびちび飲んでいると，後ろからいきなり大きなラブラドールレトリーバーに耳をベロベロ舐められてびっくりしたものだ．マスターいわく，「そいつは常連だから挨拶しときなよ」と言われたが，飲食店でのこうした寛容さ・鷹揚さは日本ではなかなかお目にかかれない貴重なものである．

　マル島のパブでもおじいさんが黒い犬を連れてきていたが，やはりおじいさんと同様に常連らしく，おじいさんがエールを飲んでいる間，じっと足元に寝そべっていた．きっと散歩の定番コースなのだろう．アイルランドでも親子が犬を連れてパブで食事をしているのを見かけたこともある．ウェールズでは，

雨のなか散歩をしていた飼い主と
犬が，パブで一休みをしていた．
いずれにおいても犬はおとなしく
振舞っており，くだを巻いたり騒
いだりする酔っ払いよりもよほど
ジェントルマン（あるいはレディ）
という感じであった．

マル島 Mishnish Hotel のパブにて

●昔ながらのマイクロパブ

　そのほかにも，いろんなパブがあるが，とりわけ印象的であったのが「マイ
クロパブ Micro Pub」というものだ．これは本当にわずかな座席しかなく（基
本は立ち飲み），極力電気消費を抑えた，環境に優しくこじんまりと，昔なが
らのスタイルで飲むためのパブである．とはいえまったく電気を使用していない
わけではないのだが，大きな業務用冷蔵庫はなく，個人用の小さな冷蔵庫が置
いてあるのみで，基本エールは電気を使用することなく樽からそのまま出して
飲むという感じである．マイクロパブは2005年にイングランドで１号店が登場
したが，スコットランドでの１号店はその10年後の2015年，イングランドとの
境にある行政区スコティッシュボーダーズ（以下ボーダーズ）のケルソー（Kelso）
という町に登場した．私が2016年にボーダーズにある修道院のいくつかを回っ
ているとき，喉が渇いたのでたまたま入ったパブがそれであった．カスクから
そのままエールを出してほぼ常温で飲みつつ，「昔の人たちもこんな感じだった
のかなあ」と，思いを馳せてみるのもよいだろう．

ケルソーの MicroPub「ラザフォーズ」

奥にあるのがエールが入ったカスク（樽）

注

1）スコットランドの国旗は青地に白の斜め十字が入ったセントアンドリューズクロス
（St. Andrew's Cross）と呼ばれる．斜め十字は聖アンデレ（アンドリュー）が殉教する
際，イエスと同じでは恐れ多いので同じ十字架刑でも斜めにしたもので処刑するよう嘆
願したという逸話からきている．なぜそれが青地かといえば，それは以下の出来事に由
来する．832年にアンガス・マック・ファーガスの指揮のもと（統一前の）アルバ王国
はイーストリントン近くでウェセックス王（イングランド王）アセルスタン率いるアン
グロ・サクソン軍とぶつかったときに，青空に白い雲のクロス十字が現れ，それを吉兆
として攻めて相手を退けた．これ以降，スコットランドでは青地にクロス十字が国旗と
なり，かつてクロス十字にかけられ殉教した聖アンデレをスコットランドの守護聖人と
するようになった，といわれる．

2）『痛快なりゆき番組　風雲！たけし城』は1980年代後半にTBS系列で放送されたアト
ラクションバラエティ番組．イギリスには2000年代に伝わったが，ものすごい人気らし
い．

第**10**章

パブの歴史

公共の家 (public house)

　ここではもう少しパブについて補足的にいろいろ語ってみたい．というのも，そもそも「パブPub」についていまいちピンときていない人もいるかもしれないからである．日本で「パブ」という単語は，少し前まではお酒を提供する風俗店のような意味があったが（とはいえ最近はそれも変わりつつあるが），本来の意味は，イギリスの「パブリックハウス Public House」，つまり「公共の家」のことである．それはもともとは宿付きの地元の寄合所兼居酒屋ともいえるものであった．今でいうところの「パブ」は，もっぱら「ざっくばらんな居酒屋」という感じであり，軽食がでるところもあれば，ドリンクのみのところもある．基本的にチップは不要であるが，バーカウンターまで出向き自分で注文してお金をそこで払い，自分でドリンクを受け取るというスタイルのものである（いわゆる cash on delivery）．ホテルのバーであればテーブルチャージをとられるか，あるいは，チップを払うというのが一般的であるが，パブではその必要はない．

Bar とは？

　パブとバー（Bar）とは一般的には異なるものとされるが，そのおおまかな区別としては，① バーがカウンター中心の店の構えとなっているのに対し，パブの方はそれ以外の机もあること，そして，② バーは個々人がふらりと立ち寄って軽く一杯飲むようなおしゃれな雰囲気であるのに対し，パブの方は地元客が集まり社交したり，家族連れ・ペット連れが軽食を楽しむ——もちろん

時と場所にもよるのだが——という違いにある．バーの発祥は西部開拓時代の
アメリカであり，もともとは馬をつなぐための横木（bar）がある店だったとか，
その横木をカウンターや足元に設置し，仕切りや足置き，さらにはカウンター
テーブルをつくるようになった，など諸説ある．そもそもその横木は，アメリ
カの開拓時代には色んな人が馬でブラっと立ち寄ってはそこに馬を繋ぐための
もので，人々は一休みがてらバーボンを一杯ひっかけていたのだろう．地元の
人たちは丸テーブル（ラウンドテーブル）に座って与太話やカードゲームを楽し
んでいたのだろうが，ゴールドラッシュで一山当てようとよそ者同士が多く出
入りする店では，一人でふらりときて一人で飲めるようなカウンターテーブル
が重宝されるようになった．なかには無法者もいて，カウンターにある酒を勝
手に飲もうとする不埒者もいただろうから，それを防ぐためのカウンターテー
ブルでもあったのだろう（そもそも「バー Bar」という語には，「それ以上先に進むこと
を禁止する仕切り」という意味もあった）．それに，西部劇のように客同士の喧嘩や
トラブルも頻繁に起きて銃撃戦ともなれば，酒場の主人などがそこに避難する
こともできる壊れにくい丈夫なバーカウンターが設置されたのも無理はない．

　このように，もともとは格式が高いわけでもなかった「Barバー」であるが，
次第にカウンターが立派なものとなり，客からみえるように置かれた酒類も見
栄を張るかのように絢爛豪華なものとなっていった．カウンターは一種の舞台
となり，バーテンダーは美しいカクテルをつくるおしゃれな職業となった．氷
を使用したカクテルは19世紀末のアメリカからはじまったと言われているが，
第一次世界大戦や禁酒法時代には，職を求めてバーテンダーがアメリカから各
国へと活躍の場を求め移動し，そしてコールドカクテルが世界各地に飛び火し
たというのも不思議な感じがする（ただしカクテルのように，お酒となにかを混ぜる
飲み物はかなり古くから世界各地にあった）．

「パブ」の元型は宿泊所？

　さて，こうしたバーに対し，パブの文化はもっと古い．その元型は，はるか
昔の「イン INN」から，近代の「エールハウス Ale House」や「タバーン
Tavern」などに見出すことができる．

「イン」とは簡易宿泊所のことで，もとはブリテン島上陸時にローマ帝国がつくった街道の途中に設置された，いわゆる「宿場」だったといわれている．ローマ帝国崩壊後，キリスト教化されたブリテン島におけるそれは，巡礼者や商人などがその旅路で立ち寄り，馬を休ませ，宿泊・休憩する場所となった．いまでは，インと「ホテルhotel」の区別はあまりなくなってきている[1]．

おそらく，そうしたインでは簡単な軽食を提供していたのであろう．しかし，旅人のみを対象とする宿泊に特化したインやホテルとは別に，旅人だけでなく地元客を相手にする「エールハウス Ale House」というものも登場した（11世紀にはすでに一般的であったと思われる[2]）．当時のブリテン島のビールは「ラガー」（下面発酵ビール）ではなく，「エール」（上面発酵ビール）であった．そもそも，生水が危険でペストなどの伝染病の恐れがある時代には煮沸後にアルコール発酵したエールは多くの家庭でそれなりにつくられていたようで，余ったもの・余剰の作り置きを販売するような，個人事業形態だったようである．

しかし，14世紀以降は大掛かりな利益追求型の醸造専門業者がでてきて，それを仕入れてお店で提供するような小売業としてのエールハウスが登場してきた．エールは国家にとっても重要な収入源であったこともあり，14世紀末にはリチャード2世が許可制を導入し，それなりの質が保障されたエールを売る場所として看板を外にきちんとみえるように設置するなど，エールハウスはイギリス文化を象徴する施設としての地位を確立してゆく．

パブには食事が欠かせない

しかし，人はビールのみで生きるにあらず，食事も必要である．レストランのように，温かい食事を提供しつつお酒が飲めるのであれば，人は恒常的にそこに集まってくる．14世紀には，寄合所的居酒屋である「タバーンTavern」（語源はラテン語の "Taberna"（店，小売店））もすでに登場しており，人々はエールハウスと同様，そこにたむろしていた．もっとも，タバーンは海外から仕入れたワインを提供するなど，エールハウスよりもより「お店」「レストラン」の感じが強かった．タバーンにも宿泊できる設備はあったようだが，公的な宿泊所としてライセンスが必要なインと異なり，タバーンは非公式的な宿泊所として，

二階や屋根裏部屋などの従業員用の寝所を貸し出すケースもあったようである．こうした，イン，エールハウス，そしてタバーンなどが，おそらくは「パブ」の元型であった．

　これらが次第に「市民の寄り合い所」として，そこで話し合いや契約などを交わしたり，いろんな情報交換を行う「パブ」となってゆく．しかし，さらにいえば（意外なことかもしれないが），ここにはもう一つの元型としての「コーヒーハウス Coffee House」の存在があったことを指摘しておくべきだろう．

「コーヒーハウス」という Public House

　大航海時代を経て，チョコレートやコーヒー，新聞などの嗜好品が市民社会へ浸透し，そこで市民相互の活発な交流や議論が行われるようになったのは，雑貨屋と軽食喫茶を兼ねたコーヒーハウスあってのことであった．「ヨーロッパの酔いを醒ました」といわれるコーヒーの普及を経てコーヒーハウス 1 号店がオックスフォードに1650年に開業されるやいなや，それはどんどんイギリスに広まっていった（ロンドンで最初に開店したのは1652年と言われている）．アラブ世界由来の「コーヒー」や，中南米由来の「チョコレート」を楽しみつつ新聞や雑誌を読み，政治やビジネスについて語るなど，先進的でリベラルな客が集まる場所としてコーヒーハウスは活気づいた（当時は 1 ペニー大学とも呼ばれていた）．

　しかし，次第にコーヒーハウスは衰退してゆく．客が来なくなったコーヒーハウスはエールハウスやタバーンのような居酒屋に転業するなどして，幅広いニーズにこたえ，地元客が定着するような居酒屋となっていった．ビールを飲める従来のエールハウスやタバーンでもそうしたコーヒーハウスで提供されていた先進的なアイテムが提供され，かつてのコーヒーハウスの客層もそこに集まるようになり，エールハウスは飲んだくれるために集まるだけの盛り場というだけでなく，公共的な議論を行う「市民」の居場所ともなった．

コーヒー文化から紅茶文化へ

　コーヒーハウスとエールハウス，そしてタバーンが混じってゆくようになっ

た背景にはイギリスにおけるコーヒー文化から紅茶文化の転換が関わっているように思われる．保守的なイギリスにおいては，お酒を提供するエールハウスよりも，新たに登場したコーヒーハウスの方が煙たがられることが多かった．当時のコーヒーハウスは女性は立ち入り禁止であり，多くの男たちが家庭を放ったらかしてそこに入り浸ってはコーヒーをすするなど，ご婦人方にとってはコーヒー同様に苦々しいものであった．それゆえ，ときにコーヒーハウス撤廃の嘆願書などを女性が集めることもあった．

　さらには，そこでなされる素面の男性同士の会話が政権への不平不満を醸成したり，革命推進派のたまり場となることもあり，これを懸念したチャールズ2世は，コーヒーハウスを廃止したり，そこでのニュースの流布を禁止しようと画策もした（がうまくゆかなかった）[3]．その後，チャールズ2世の結婚を機に，17世紀後半から茶が普及しはじめ，庭園などでのティーパーティーやティールーム，さらには家庭での喫茶が一般的になり，男女ともにお茶やコーヒーを楽しむような風潮が広まっていった[4]．もっとも，イギリス東インド会社による紅茶の販売が軌道になるのは18世紀後半，そこからさらにアッサムやダージリンなどの紅茶の大量生産が確立するのは19世紀になってからのことであったが．

　このようにして，17世紀後半あたりから，従来のエールハウスやタバーン，そこに，モダンでリベラルな客層をもつコーヒーハウスの気風が加わり，次第に英国の伝統的かつモダンな雰囲気をもった「パブ」ができあがったのである[5]．

Column

●地方ごとのパブの特色

　パブは，コーヒーやお茶，チョコやタバコなどを取り扱う雑貨屋をかねつつ，お酒や軽食を気軽に楽しめる寄合所としての役割を担うようになった（ちなみに，オランダ商人が仕入れた日本茶や中国茶は，大航海時代に紅茶よりも早くイギリスに伝わり，パブで販売されていた）．もちろん，その頃にはパブは「ジン」や「ウイスキー」なども幅広く取り扱うようになっており，スコティッシュパブではスコッチを，イングリッシュパブではジンを，アイリッシュパブではアイリッシュウイスキーとギネスを，という主流のラインナップも確立されていったが，そこには厳密

な定義や線引きがあるわけではない.

　しかし, 地方ごとのパブの特色というものはある. バーンズが愛したローランドにおいてはパブフードの定番としてハギスが今でも広く提供されているが, アイルランドに近いヘブリディーズ諸島ではフィッシュアンドチップスとギネスを楽しむ地元民の方が多いように見受けられた. ハイランドや島のパブは地元のウイスキーを多く置く傾向にあり, フォートウィリアムには地元ベンネヴィス蒸留所のモルトウイスキーが, オークニーにはやはり地元ハイランドパークとスキャパ蒸留所のものが, そして, ハイランドのインヴァネス駅に隣接するThe Royal Highland Hotelの１階パブでは地元ダルモア蒸留所で作られたダルモアシリーズがずらっと並んでいる（ちなみにここで提供されるフィッシュアンドチップスは絶品である）.

　ジュラ島にある村唯一のパブには, あまり世に出回っていないシングルカスクの20年物があるし, 地元食材の鹿を使った鹿肉バーガーも提供されている. アイラ島ではアイラモルトとよく合う海鮮食材（牡蠣やサーモン）が提供されているし, マル島のホテルThe Mishnishのパブではトバモリ蒸留所の「トバモリTobermory」や「レイチェックLedaig」が全面に押し出されており, フィッシュアンドチップスはもちろんのこと, 地元のムール貝を楽しむこともできる（ただし, マル島のムール貝については, ウイスキーよりも白ワインで合わせる人が圧倒的多数ではあったのだが）. 地元のパブに地元の銘酒（スコッチ）が並ぶのは,

The Royal Highland Hotelの絶品
フィッシュアンドチップス

ジュラ島唯一のパブにて, ヘビリーピーテッドのジュラ24年カスクストレングス（ボトラーはシグナトリー）

運搬コストの削減，地元のお店への割引価格などの諸般の事情もあるのだろう
が，「ここはアイラモルトのエリアですよ」「ここはハイランドですよ」といっ
たメッセージをもって来訪者に訴えかけているようでもある．スコットランド
には蒸留所が多い分だけ，地元パブに見られる個性もそれぞれであり，そして
その点でいえば，パブめぐりの旅というものは，これ以上なく楽しいものである．

注

1）インやホテルのようにしっかりとした施設ではなく，そしてタバーンのような食事提
供もカットされた簡易版民泊施設はB&B（Bed and Breakfast）と呼ばれる．

2）"eala-huse" や "alehouse" というスペルは，西暦1000年や1200年の文献に登場して
いる．

3）チャールズ2世は，清教徒革命で処刑されたチャールズ1世の息子であり，クロムウェ
ル死後，王政復古としてイギリスに舞い戻ったこともあり，革命への忌避感というのも
相当強かったように思われる．

4）茶が英国に持ち込まれ，流行したきっかけは，清教徒革命後の王政復古で王位につい
たチャールズ2世のところに嫁いできたポルトガル王女キャサリン・オブ・ブラガンザ
の渡英である．彼女は海洋大国ポルトガルの権勢を示すために手に入れた茶を大量に
もってきて，そこから宮廷の女性たちの間で茶が広まった（1662年あたり）．名誉革命
（1688～1689）以降のオレンジ公ウィリアムとメアリ2世の共同統治時にはさらに一般
の社交場へと茶は広まり，その後のアン女王（メアリ2世の妹）の治世下に登場した
ティーポットがさらにそれを後押しした．18世紀前半にはティーガーデンができ，男女
を問わず，喫茶をそこらへんで満喫できるようなイギリス独自の喫茶文化が芽吹いたと
いってよいだろう（コーヒーハウスは男性しか立ち入ることができなかったが，茶はメ
アリ2世やアン女王も嗜んでいたので，女性全般へ浸透するもスムースだった）．

5）"Public House" という語が文献に登場したのは，コーヒーハウスが登場してしばら
くした1669年である．

第**11**章

スコッチをどう飲むか？

ロック派？　ストレート派？

　スコッチの飲み方は人それぞれである．「私はロック派！」という人もいれば，「自分はハイボール派だな」という人もいるだろう．ストレートで飲む人もいれば，コーラで割る人もいるかもしれない．あるいは，食事と合わせるときと，食後酒として飲むときとを区別することもあるだろう．どのようにして飲むかはその人の自由であって，どこぞの茶道の流派のように「そんな飲み方はいけません！」と型にはめることは，自由と独立の象徴でもあるスコッチに対して野暮というものである．

　とはいえ，「自由」というものは，単なる放置ややりたい放題ではなく，十分な情報と選択肢が与えられている状況において，その人が自律的に選ぶことができてはじめて重要な意味をもつ．だとすれば，今自分がしていることに無頓着であったり，いろんな選択肢や可能性を知らないとすれば，それは「自由のもと，本当に楽しんでいる」とはいえないであろう．

　もちろん，「お勉強をしなければスコッチを楽しむ資格がない」などと野暮なことを言いたいわけではない．私が言いたいのは，いろいろなことを知っておけば，面白いことに出会えるかもしれないし，それまでそういうものだと決めつけていたスコッチの別の一面を見れるかもしれない，ということである．これはウイスキーをはじめお酒に詳しい人であっても同様であろう．いろいろ熟知したつもりであっても，物を知らない若者たちが面白い飲み方をしていてそれを真似てみると，意外にそれが美味しかったり，あるいは楽しかったりすることもある．いずれにせよ，飲み方にもいろいろあることを知っておくのは

悪いことではないし，それは自身の飲み方だけが正しいものではなく，他人の
それもまた立派な味わい方の一つとみなすような価値多元主義的態度をみにつ
けることにもなるだろう．

「ロック」は珍しい？

　私の経験則であるが，日本のパブやバーにおいて，「スコッチをロックで！」
という注文はかなり多く耳にする．実際，私も夏の暑い時期や，やや暖房が効
きすぎているバーではそうした注文をする．日本はとくに蒸し暑いところも多
いのが一つの理由であろうが，氷をふんだんに使うコールドカクテルやオンザ
ロック（ス）の発祥であるアメリカの影響を受けているということもその背景
にはある．ただし，この「ロック」は，イギリスではそこまで一般的ではなく，
そうしたオーダーが通じる場所もあればそうでないところもある．アメリカか
らの観光客がわりと多いグラスゴーやエディンバラでは通じるところもある
が，ルイス島やオークニーの片田舎のパブではあまり通じないし，ハイランド
でも場所によってはまちまちである（インヴァネスで「ロック，プリーズ」と言った
ときにはきょとんとされた）．一般的には「ウィズアイスwith ice」と言った方が無
難である（ときどき，「キューブcube」で通じるときもあるが）．しかし，それでもちょ
こんと小さな氷を一個入れられるのが普通である．もちろんそれには理由がある．
　基本的に，ブリテン島北部に位置するスコットランドは平均気温がわりと低
い．夏も涼しいので，そもそもロックアイス（岩のように大きな氷の塊）はそこま
で必要とされない．よく「アイルランドではギネスは常温で飲む」と言われる
が（とはいえ，最近は若者向けのギネスエキストラコールドというキンキンに冷えたものも
あるが），これはスコットランドにおけるスコッチについても同様である．ブリ
テン島やアイルランド島は，アメリカの砂漠地帯のように熱くもなければ，日
本の夏のように蒸しているわけでもないので，夏でも常温でビールやウイス
キーを楽しめるし，むしろ，無理に冷やして飲むよりもそちらの方が風味を感
じることができて美味しい．
　そういうこともあって，スコッチを頼んで"With ice, please"と言っても，
ロックグラスに入れてもらえる氷は小さな氷のかけらが一つ程度である．ルイ

ス島のとあるパブでロックを頼んで，氷がちょこんとしか入ってなかったので私が「もっと入れてくれない？」と言ったところ，バーテンダーが「いや，それって薄くなるし，香りがしなくなってしまうぞ，いいのか？」と返されたことがある．オーバンのパブで9月上旬のいい天気だったので氷をたくさん入れてもらって──つまり日本版「ロック」で──地元スコッチ「オーバン14年」を飲んでいたとき，隣の客と仲良くなって「何を飲んでるんだ？　氷を入れてるけど，それはカクテルか？」と言われて「いや，スコッチだよ．日本ではわりとふつうだよ」と答えたら，「No！　そりゃスコッチの飲み方ではない！」と言われたこともあった．

水割りもいける？

　一般的なスコッチのテイスティングのお作法とは下記の通りである．まずはストレートで，① そのままの色をグラスから眺め，② 鼻先で香りを楽しみ，③ 舌先で軽く触れ，舌の奥にゆっくり少しづつ流し込み，④ その後の芳香を鼻腔で楽しむのが基本である．そして，ストレートをしばらく楽しんだら，ウイスキーに水を加えるのだが，これはせいぜい1対1程度までである（これを「トワイスアップ」という）．あまり水を入れすぎると味わいが消えてしまうからだ．しかし，「水割り」といって侮ることなかれである．驚くべきは，水を少量加えるだけでウイスキーが「甘く」なることである．もちろん，実際に糖分が増

マル島のMishinish Hotelのパブ
右側はトバモリ蒸留所が販売する水割り用の水差し

水割りもできる，テイスティンググラス
（マッカラン蒸留所）

すわけではないのだが，強いアルコール刺激でそれまで隠されていた麦の甘み
と樽の芳香が，加水によって和らげられた途端に花が開くように表に飛び出し
てくるという感じだろうか．ピート臭が強いアイラモルトの「ラフロイグ」や
「アードベッグ」でさえもそうすると甘く感じるので，まだ試していない人は
どうか試してほしい．

ハイボールもいい感じ

　では，スコットランド人がパブでスコッチを飲むときはストレートもしくは
水割りしかないのかといえば，そうとは限らない．スコットランドでもハイボー
ルやコークハイも当然ある[1]．ただ，スコットランドの若者だからといってスコッ
チを飲むとは限らないわけで，わりと多くの若者たちがアメリカ人のように
ジャックダニエルズをハイボールにしていたり，なかにはそれをコークハイに
している人もいた．それでも，数人がスコッチでハイボールを注文していたの
で，私が「それは何？」と聞いてみると，「カティサーク」や「フェイマスグ
ラウス」や「デュワーズ」といったブレンデッドであった．個性的なスコッチ
のシングルモルトよりも，スムースなブレンデッドや，あるいは華やかなバー
ボンが一般的にはハイボールとして飲まれる傾向にあるようだ．
　デュワーズ（Dewar's）のホームページでは，ハイボールの起源は1891年の
ニューヨークで，創業者トミー・デュワーズがサロンでスコッチを注文したと
きにグラスが低かったので「もっと背が高いグラスを」ということで "high
ball" と言ったことに由来する，と紹介されている（本書執筆時点では）．しかし，
サントリーのホームページでは，スコットランドのゴルフ場で当時珍しかった
ウイスキーソーダ割りを試しているところで高々と打ち上げられたゴルフボー
ルが飛び込んできたのが由来である，とも説明されている．この二つはそれぞ
れ異なるものの，ハイボールについてのスコッチ由来説ともいえるものである．
他には，アメリカのセントルイスの機関車の信号係がバーボンのソーダ割りが
好物であり，出発の合図としてボールを高いところに打ち上げる信号機を操作
する際，その合図のたびにバーボンソーダを飲んでいた，というバーボン由来
説もある（ウイスキーソーダを意味する「ハイボール」という語が文献上登場したのは

1898年の *New York Journal* であるが，それ以前のアメリカには，機関車の運転手が出発の合図としてボールを高い位置に吊り上げる信号機がすでに存在していた）．いずれの説も確たる証拠が残っているわけではない．ただ，コールドカクテルをはじめとするアイストドリンク（iced drink）そのものがアメリカで盛んであったことを踏まえると，このバーボン由来説はわりと説得力があるようにも思われる（とはいえ，それはあくまで仮説にすぎないので，スコッチ由来説を捨てなければならないほどの根拠もないのだが）．

シングルモルトもハイボールで楽しもう！

スコッチとハイボールの関係に戻るならば，ときに「スコッチはハイボールに合わないんじゃないの？」という人もいるが，そんなことはない．上記ブレンデッドスコッチは言わずもがな，シングルモルトであってもいい感じのハイボールができる．ただ，ストレートで美味しいシングルモルトがそのままハイボールでも……というとまたそれは別の話である．いくらマッカランのように滑らかで芳醇なシングルモルトであっても，炭酸やコークで割るとその個性がよく分からなくなってしまうこともある（ただし，マッカランにもいろんなシリーズがあるので，ハイボール向きのものもあるかもしれない）．かといってピーティーなスコッチでハイボールをつくればよいかといえば，中途半端なヨード臭が残ってしまい，ストレートよりもむしろ飲みにくくなることもある．もっともラフロイグほど突き抜けたものであれば，ヨード臭がほんのり苦みを残しつつもさっぱりとした飲み口となる．また，ピーティーではないが樽香の強いダルモアであれば森の香りがするハイボールができあがる[2]．もちろんこれは作り方も関わっていて，ステアしすぎたり（かき混ぜすぎたり），氷にソーダをかけすぎてしまうと，気の抜けたハイボールとなってしまう．あまり大きすぎないグラスとウイスキーをキンキンに冷やし，氷なしでそのグラスにウイスキーと炭酸水を注ぎ，冷えている間にきゅっと飲むやり方ならば，薄くなることもなく美味しく飲むことができる．もちろん，濃度の変化を楽しみたいならば普通の氷入りハイボールもいいだろう．ハイボールを瞬間的に燻すやり方さえある．いずれにせよ，ハイボール道は奥が深い．

　しかし，そこまで難しく考える必要もないし，気楽に楽しめるのもハイボールの魅力ではある．そもそも日本には，唐揚げなどのような食事とハイボールを組み合わせる独自の，そして素晴らしい文化がある．海外では食事でハイボールというのはあまり見かけないが，しかし，ビールほど重くなく，さっぱりした感じの食中酒としてもハイボールは優れており，「唐揚げとハイボール」や「たこ焼きとハイボール」といったマリアージュは日本がこれから世界へ積極的に発信していってもよいかもしれない（個人的には，私はたこ焼きにはラガービール派なのだが）．

Column

●ウイスキー＆ビール？

　しかし，なかにはウイスキーとビールを並行して飲むツワモノもいる（そして，今や私もそのうちの一人なのだが）．スコットランド北西部では，スコッチを飲みつつ，ギネスをチェイサー替わりにしている人をわりと見かけたものである（ただし，若者というよりは，百戦錬磨のベテランの酒飲みのようであったが）．アイルランドに近いからだろうか，この地域ではギネスがよく飲まれている印象がある．

　アイルランドのヨーロッパ最古のパブとしてギネス認定されているショーンズバー（Sean's Bar）で仲良くなった厩舎勤めのナイスガイも，アイリッシュウイスキーを飲みつつギネスをチェイサー替わりにしていた．筆者がそれをマネし，日本に帰ってもこうした飲み方を繰り返しつつ，何種類かのウイスキーを試したところ，ある点に気づいた．それは，この飲み方は，ウイスキーの箸休めというよりは，むしろ，ギネスを美味しく飲むためにあるのではないか，と．

　個人的には，「カリラ」や「ラガブーリン」といった中程度のスモーキーなアイラモルトを飲み込んだ後すぐにギネスを口に含むと，ギネスのもつ麦の旨みがアイラモルトの残り香に引き立てられる感じで，とても甘く香ばしくなる．そもそもはチェイサー的な口直しのためのビールなのだろうが，私は最近，ギネスの甘味を感じたいがために先にウイスキーを流し込み，その刺激が少し残る口腔へとビールを流し込む，という飲み方を楽しんでいる．飲みすぎはよくないが，興味がある人はぜひ試してほしい．

注

1）ただし，私が見る限り，若者の多くは冷たいビールやサイダー（シードル）を好んでいたようで，何人かの若い女性客はアイリッシュサイダーを飲んでいた．

2）ダルモアハイボールについては京都大学文学部教授の水谷雅彦先生に教えていただいた．以来，私にとってのハイボールの定番となっている．

第Ⅱ部

スコッチ文化論

第12章

起源をたどる

「オリジン」は幻想なのか？

　ここでは，もう少しスコットランド特有の歴史を掘り下げてゆこう．

　何事にも「オリジン（origin：起源）」というものがある．急速な変化のもと，オリジナリティを見失いつつある現代において，オリジンとは眩しく感じられるものである．人々は失われたオリジンに憧れつつ「我々の起源は……」と言いたがるわけであるが――とはいえ，古くさい風習に縛られるのはゴメンなのだが――それが曖昧なままであったり，いろいろ交じっていることに我慢できず，そのオリジンの純粋性をハッキリさせようとする．それが自身のアイデンティティに関するものならばなおさらなわけで，そうしたとき，「○○の起源は我々だ！」「いや，そちらのはこちらから伝わったもので，我々の文化こそがその起源なのだ」と言い争ったりする．

　しかし，文化はあちこちで交わり，そのスタイルが伝播して思いもかけない変容をすることもあり，なにがオリジンであるかは簡単には決めにくい．食べ物という分かりやすいジャンルですら，いろんなものがいろんなところから伝来し，その土地の人々の主食となったことで独自の食文化を形成することもある．トマトソースのパスタといえばイタリアが有名であるが，コロンブスの新大陸発見以前のイタリアにはそもそもトマトなどなかった．チョコレートといえばヴァンホーテンやゴディバかもしれないが，カカオは中南米から伝わったもので16世紀より前にはヨーロッパに広まっていなかったし，そもそも最初は飲み物であった．つまり，その土地のみで発生し，外的影響を何も受けないまま純粋性を保って成立した「ピュアな文化」などは（多くの場合）幻想にすぎな

いわけである．しかし，我々はやはりどこかでその幻想を求めてしまう．

　とはいえ，なにも「本場などありはしない！」とか，「文化的起源をさぐるのは愚か者のやることだ！」と言いたいわけではない．21世紀初頭においては，「寿司」の本場は日本であり，「ハンバーガー」の本場はアメリカで，「キムチ」の本場は韓国である．そして本場であるということは，それを当たり前とするようなその土地の人々特有の継続的・同一的な生活史が事実として存在するわけで，そこにオリジンともいうべきものがあるだろう．つまり，オリジンとは点ではなく線（ライン）で捉えられるべきものであり，そのラインは時代のなかでときに浮き上がったり沈んだりすることもある．ゆえに，或る物事のオリジンを探るためには，「それに関する人々の生活史の痕跡が，どの時代にどのようにあるのか？」と問う必要がある..

生命の水としてのウイスキー

　まずは「語」に関する歴史をたどってゆこう．「ウイスキー」という単語が文献上はじめて確認できるのは1700年代のスコットランドである．その時代には"whiskie"や"whiskee"などさまざまなスペルもあったが，のちに，スコットランドとイングランドでは"whisky"のスペルが，アイルランドとアメリカでは"whikey"が使用されるようになった．"whisky"とは，ケルト人たちの言語であるゲール語の**ウシュケバー**（usque baugh）が英語化したものであるが[1]，このラテン語訳は**アクアヴィテ**[2]（*aqua vitae*）であり[3]，いずれもが「生命の水」を意味するものであった[4]．なぜウイスキーのような蒸留酒が「生命の水」と呼ばれていたかは定かではないが，そこには中世ヨーロッパの錬金術との関連性があるだろう．

　蒸留そのものはメソポタミアあたりで始まったとされているが，それが技術として普及したのは古代ギリシアや古代エジプトであり，ヨーロッパ初期の錬金術の一環として使用されていたようである．しかし，その後はローマ帝国におけるキリスト教化のもとであまり表にでてくることはなかった（教会公認ではない不可思議な業を使う錬金術は魔女や邪教とみなされることもあった）．

　他方，アラブ世界では錬金術は実用的技術として発展を遂げ，さまざまな分

野に影響を及ぼすようになった（著名な人物としては，8世紀後半〜9世紀前半にかけて多くの文献を残した錬金術師ジャービル・イブン・ハイヤーン）．十字軍遠征や中東地域での交易などを経て，中世アラブ世界の錬金術は12世紀あたりにはラテン語に翻訳されてヨーロッパに逆輸入され広まった．当然，その流れはブリテン島にも及んだものと考えられる．

　元々は「金」を作るためであった錬金術であったが，それはさらに長寿のための製薬技術，さらには不老不死の研究や神秘主義的な魔術的要素も絡み，その蒸留技術そして蒸留器「アランビックalembics」は不可欠のものとなってゆく．そもそもの錬金術は卑金属から貴金属である金をつくることを目的とするものであったが，自然界の本質・真理の探究があってこそそれは可能となる．錬金術のなかで発見された知見は自然界の真理に基づくもので，そこに生命活動の原理も含まれているとすれば，それをもってさまざまな薬剤の調合や秘薬づくりが行われていたとしても不思議はないだろう．とりわけ，蒸留アルコールの高い殺菌性と長持ちする保存性は「不変のもの」「永遠の生命」「健康に良い」という考え方と結びつきやすかった．

　ちなみに，錬金術において古代・中世で用いられていた蒸留器**アランビック**（Alembic）は2つの容器を管で接続した蒸留器であるが[5]，その構造は，現在スコッチ製造に用いられる単式蒸留器（ポットスティル）と原理上は同じである．

　また，ゲール語で「乾杯」とは「スランチェヴァー（スランヂヴァー）Slainte mhath[6]」であるが，これは英訳すると "Good Health" であり，生命の水たるウイスキーにはやはり健康維持が期待されていたのだろう．ただし，「薬も過ぎれば毒となる」とか "All overs are ill" といった格言が示すように，ときにそれが健康にあだなすときもある（そもそも酒が薬といえるのかという問題もあるのだが）．実際，ウイスキーが大量に出回った19世紀後半〜20世紀初頭にはそれが社会問題ともなったのは前述のとおりである．それはさておき，ここからいえるのは，ウイスキーのオリジンは，錬金術的手法を用いて大麦から生命の水を意図的に作り続ける中世あたりにある，ということになるだろう．

注
1）ケルト人の言語については，Pケルト語と呼ばれる「ウェールズ語」「コーンウォー

ル語」「ブルトン語」，そしてQケルト語と呼ばれる「アイルランド語」「スコットラン
ド語」「マン島語」に分類され，ゲール語（Gealic）と呼ばれるものは主に後者を指す（古
くはゴイデル語（Goidelic）とも呼ばれていた）．

2）ただし，同じゲール語でもスペルや発音はさまざまである．私の個人的体験では，ス
コットランドでは「ウシュケバー（もしくはウシュケバハッ）」，アイルランドでは「ウ
スキボー（もしくはオスキボー）」という感じが多かったように思われる（本書ではこ
れら二つをもって表記する）．

3）もともとの古ラテン語では「アクアウィタエ」であったと考えられる（後に"u"の
スペルと区別されて"v"が使用されるようになった）．ただ，本書においては英語圏に
おいて一般的に使用される「アクアヴィテ」の方で統一して表記する．

4）しかし，後述のように，アクアヴィテとウシュケバーは実際には区分されていたと考
えられる．これについては Broom［2014：15］でも言及されている．

5）「アランビック」の言語自体はギリシア語由来であるが，蒸留器自体は古代ペルシア
の錬金術師が用いていたものがギリシアに伝えられたとされている．しかし，アランビッ
クとして広まった蒸留器そのものの発祥はエジプトといわれてもいる［Kosar 2010：邦
訳 53］．

6）エディンバラのザ・スコッチウイスキーヘリテージセンターでは発音は「スランヂ
ヴァ」と紹介されているが，地方ごとに発音が若干異なるようで，西ハイランドの蒸留
所スタッフ（ゲール語話者）の多くは「スランチェヴァー」と発音していたようであっ
た．

第13章

ウイスキーの源流とは？

ウイスキーはイングランドにもあった？

　スコットランドだけでなくイングランドも麦類を食していたように（ハギスについてのレシピも中世イングランドにはある），大麦から作ったお酒であるビール（エール），そして，大麦を糖化・発酵させたものを蒸留して作ったウイスキーもまたスコットランドのみならずイングランドに存在していたという事実がある．

　そのことを示す手がかりは，14世紀後半にイングランドの詩人ジェフリー・チョーサーによって書かれた『カンタベリー物語』にある．そこに収められた"The Canon's Yeoman's Tale"という話には，ある僧侶の付き人が，師匠であるその僧侶の錬金術的手法をみんなに暴露してしまうという話がある．キリスト教とは異なるアプローチによる神秘への接近を試みる錬金術は，よくてイカサマ，悪ければ邪教の業と考えられており，僧侶はその気まずさから逃げ出してしまうのであるが，付き人がそのやり方を語る際，その僧侶が蒸留器アランビック（古英語でalembykes）によっていろいろなものを作り出していたことが言及されている．

　アランビックの構造は，基本的に単式蒸留器であり，原理上はウイスキーをつくるポットスティルと同じである．そして，僧侶が用いた材料にはイースト菌である"berm"や，麦汁である"wort"が含まれていたと記されている[Chaucer 1906：邦訳（下）112-113]．これらはまさに，錬金術師と呼ばれる人たちが生命の水を作っていたことに他ならない．つまり，1300年代には，ウイスキーの製法そのものはブリテン島全域に広まっていた，と考えられる．

　アランビックを用いたウイスキー製法の定着については，イングランドが先か，スコットランドが先か，ということについて明確な証拠はないし，その経緯や時期も定かではない．だが，ブリテン島およびアイルランド島において，文献上「ウシュケバー」という言葉が登場するのは15世紀初頭であり[2]，時期的に考えれば，アラブ世界の錬金術がブリテン島に持ち込まれた中世あたりと考える方がもっともらしくも思われる．とはいえ，古代ケルトは文字を記さず口伝による文化継承であったため，文献だけをもとにして断定することも難しく，考古学者による今後の発掘調査次第で，この疑問が解決されてゆくかもしれない．

　しかし，それはともかくとしても，「ウイスキーの歴史」としていえば，それはスコットランドもしくはアイルランドを発祥とするケルト関連のものとみなされている．この最大の理由としては，ウイスキー（whisky）がケルト系言語であるゲール語の「ウシュケバー usque baugh[3]」が転訛したものであるからである．しかし，なぜ「アクアヴィテ」ではなく「ウシュケバー」が生き残り，それが転訛したものが普及したのだろうか（北欧ではアクアヴィテ由来の「アクアヴィット」がいまだに生き残っているのに）．

アクアヴィテとウシュケバーの違い

　ゲール語**ウシュケバー**は，「生命の水」を意味するラテン語**アクアヴィテ**（*Aqua Vitae*）と同義である．ローマ人によるブリテン島中南部の実効支配，そして，アングロ・サクソン人の移動と七王国の建設以降のブリテン島ではゲール語よりもラテン語が公式な言語として使用されていたこともあり，イングランドではアクアヴィテが一般的に使用されていた．イングランド生まれでヨーロッパの国々を巡った著述家フィンズ・モリソン（Fynes Moryson）の旅行記にあるアイルランドに関する記述をみればそのことが分かる．

　モリソンは1617年に旅行記 *The Itinerary* を出版したが，そこではアイルランドのアクアヴィテであるウスキボー（ウシュケバー）について，以下のように記述している．

　ダブリンやその他の都市ではタバーンがあるが，そこではスペインのワインとフランスのワインが販売されている．しかしよりありふれているのは，商人たちが自分たち独自のワインセラーでそれらをパイント[4]もしくはクォートで販売する仕方である．アイルランドのアクアヴィテ，俗にウスキボー（Usquebagh）と呼ばれるものはその種のものでは世界で最高のものと思われる．イングランドで作られるものも良いのだが，アイルランドで製造されるものほど良いかといえばそうではない．そして，そのウスキボーは，我々のアクアヴィテよりも愛好されているが，その理由としては，レーズンとウイキョウの種，そしてその他のものが混ぜられることで，発熱をやわらげ，味わいを心地よいものとし，興奮を抑え，また，適度な熱を与えることで弱った胃をリフレッシュするからである［Moryson 1617：197］．

　ここで確認できるように，ラテン語が使用されるイングランド文化圏では「アクアヴィテ」，ゲール語が使用されるケルト文化圏では「ウスキボー」「ウシュケバー」であったことが分かる．しかし，同じゲール語文化圏であるスコットランドにおいて「アクアヴィテ」という語が使用されていた記録もある．これはどういうことであろうか．

地酒としてのウシュケバー

　スコットランドにおいてはいちはやく，王室主導のもとアクアヴィテは製造・管理されていた．1494年のスコットランド王ジェイムズ 4 世の財務帳簿 *Scottish Exchequer Rolls* に「アクアヴィテをつくるための 8 ボル（約500kg相当）のモルト」が托鉢修道士のジョン・コーに渡されたとされていることから，麦芽由来の糖液を単式蒸留器を使って蒸留させたその飲み物はすでに一定の知名度と地位を得ており，王室への贈呈が行われていたことは間違いない[5]．

　しかし，このアクアヴィテが，イングランドのそれと同様のものであったかといえばそうではない．スコットランドのアクアヴィテに関する文献を調べると，そこには独自のウシュケバー，すなわちスコッチウイスキーの痕跡が隠されている．

　ジェイムズ4世の庇護を受け，僧侶でありながらアバディーン大学初代総長となったヘクター・ボイスの年代記には「我々の祖先は陽気でいようというときは，主にアクアヴィテ (*aqua vite*) を使用する．それはコストのかかる香辛料はほとんど入っていないが，彼ら自身の庭で育ったハーブをもっぱら使っている．それは彼らが具合が悪いときにも使われるありふれた飲料でもあった」と書かれている [Boece 1526：56]．このように，スコットランドの伝統的なアクアヴィテ（ウシュケバー）は，単に麦汁を蒸留したものとは明らかに異なるものであった．もしかすると，香辛料が手に入りやすかったイングランドのアクアヴィテではそれがふんだんに使われていたのかもしれないが，事情が異なるスコットランドでは庭園ハーブなどのボタニカルなものを香りづけに使用しており，それは嗜好品でもあると同時に薬用酒でもあった．

　そのことを示す根拠として，彼を庇護していたジェイムズ4世の治世下の1505年，そのジェイムズ4世は，エディンバラの理髪外科医ギルド（the Guild of Barber-Surgeon）にアクアヴィテの製造と専売を許可していたという事実がある．当時の理髪外科医ギルドは製薬・調合・処方などに加え，外科医術を専門とする職人ギルドであり，そこでは修道士に対し剃髪だけでなく，一般市民の患者に対して瀉血も兼業として行っていた．そこでのアクアヴィテの製造と専売を許可しているということは，スコットランドのアクアヴィテはこの時代，国家的管理のもとに置かれていた医薬品であったといえる．ちなみに，このジェイムズ4世は，イタリアの錬金術師ジョン・ダミアン（John Damian）を1501年に宮廷に迎えており，ここから推察するに，当時のスコットランドにおいては，「アクアヴィテ」とは錬金術的な薬用酒として，国家公認のもと規格化されていたと考えられる．

　こうした事実が何を意味しているかといえば，それは，スコットランドの歴史的経緯のなか，国家的管理のもとでの薬用酒的アクアヴィテに対し，その枠にとらわれることのない地元民の地酒としてのウシュケバーがひそかに生き残り，そして後者が歴史の表舞台に再登場して公認されたときに「ウイスキー」となった，ということである．そのことを次の章でみてゆこう．

注

1）これは古英語で「イーストyeast」を意味する語である（"barme"と記述されることもある）．

2）オックスフォード英語辞典によると，ウシュケバー（ウスキボー）の一番古い出典とされているのが1405年の"uisci-betha"というスペルのものである（現在のアイルランドにあったとされるMagh Luirg王国での出来事が記述されている年代記 *The Annals of Loch Cé*（*1014-1590*）によるもの（この年代記自体は具体的な執筆者や執筆時期は不明）．

3）前注にあるように，確認できる最古の出典ではuisci-bethaとあるが，他にもuisge beathaやuisce beathaなどさまざまなスペルがある．

4）パイント（pint）とは単位であり，およそ0.568リットル．クォートはその倍．

5）8ボルのモルトで約100リットルのウイスキーが製造可能と考えられる［Kosar 2010：邦訳 31］．

6）瀉血（しゃけつ）とは，血液を外部に排出して病状の改善を図ること．

第14章

ケルト系住民の密造酒

ラテン語とゲール語

　中世から近代にかけて，知識人たちの使用言語はラテン語が主流であり，ウシュケバーが公式文書や歴史書で登場する際には *Aqua Vitae* もしくは *Aqua Vite* と表現されていた[1]．だからこそ，前述のジェイムズ 4 世の財務帳簿はもちろんのこと，1505年にエディンバラで理髪外科医ギルドの専売に関する（つまりそれ以外のものに対してその製造・販売を禁じる）文書においても「アクアヴィテ」と表記されていた[2]．僧侶で大学総長でもあったトップクラスの知識人である同時代のボイスも例外ではなく，いろいろと混ぜられた大麦の酒がスコットランドのアクアヴィテとして記述・紹介されていることも同様の理由からであろう．

　スコットランドはイングランドと対立しながらも交流は盛んであり，スコットランドの知識人たちの表現方法もイングランド様式の影響を受けていた（歴代の王のなかには，イングランドで教育を受けたものすらいた）．イングランドの知識人たちは，化外の民であるケルトが使用するゲール語を使用するわけもなく，イングランドの影響を受けたスコットランド人の知識人たちも大麦の蒸留酒を国家的に管理しようとする際，それをアクアヴィテと表記したというのはなにも不思議ではない．

　同じくケルト系のアイルランドをみても同様の事情がうかがえる．アイルランド議会が1556年に通した法律では，庶民がアクアヴィテをつくることに関して許可制にしている[3]．前述のモリソンの旅行記にあるように，アイルランドでもスコットランドと同様に「アクアヴィテ」とイングランド人が呼ぶところのウシュケバー（ウスキボー）をつくる風習が根付いていたが，国家公認の呼び方

はアクアヴィテであった（アイルランドはとりわけスコットランド以上にイングランドの介入・支配を受けていた）.

　ウシュケバーのスペルについていえば, "usque baugh," "usquebagh," "uisge beatha," "uisce beatha," "uisci-beatha" といった感じでさまざまであったが, こうした密造酒であるウシュケバーが, 1800年代前半に公認ライセンス制のウイスキーとなるまでの過渡期が1700年代であった. 1700年代に入ると英語化がすすみ, whiskie などの言葉も使用されるようになったが（後述の1715年のジャコバイトの乱など）, ウシュケバーとウイスキーの中間ともいえる "whiskybae" や "whisqui-beath" といったスペルが1792年までスコットランドで使用されている記録がある. このように, ゲール語の密造酒が, ウイスキーという形で英語化され, のちに公認されてゆく背景には, その取引量が増え, イングランド人にもそれが広く知られるようになったこともあったのだろう（ウイスキー蒸留所公認に関わったグレートブリテン王ジョージ4世ですら, それが密造酒であった時代からウイスキーファンであったぐらいなので）.

　このように, 密造されていたスコットランド系住民たちのウシュケバーが次第に市民権を得て「ウイスキー」となっていった様子は, スペルの変化や記録文書などからうかがえる.

スコッチのオリジン

　「文化」というものは, 一過性の流行りというものではない. 細々とであっても辛抱強く何世代にもわたり継承されてきた, そこで生きる人々の生活史的事実によって形成されるもの（そしてそれが現に生きる人々の思考・行動を規定するもの）である. スコットランドにおけるウイスキー文化とはまさにそのような積み重ねの産物であり, だからこそ, 「スコッチ」とは他のウイスキーとは一線を画す唯一無二なものであることがここからも理解できよう.

　以上のことを総合的に踏まえ, 次のようにまとめることができる. それは, ウイスキーのオリジンであるウシュケバー（ウスキボー）は, ① ケルト系言語が生き続けた地域において, ② イングランドのアクアヴィテと類似点はあるものの, ときにモルトだけでなくさまざまな材料が混ぜられたもので, ③ ア

クアヴィテとは異なる非公式なものであったが，やがて公式として返り咲いた「反逆」と「復活」の大麦の蒸留酒，であると．

　ただし，ここからウイスキーを，現存するヨーロッパ最古の文化集団的な「ケルト」（いわゆる「大陸のケルト」）由来のものとみなすべきではないし，また，ローマやアングロ・サクソン，ノルマン勢力の上陸以前にブリテン島に存在していた「島のケルト」にそのまま由来するとみなすべきでもない．「ケルト的なもの（Celtic）」という概念自体は曖昧で多義的なものであり，単一的な文化形態としてそれを同定することはほぼ不可能であるし，また，古代のそれと，中世・近代・現代のスコットランドとの間には大きなギャップもある（「ケルト」とは，政治的な差異化，ナショナルアイデンティティの高揚，さらには懐古的につくられた神話として利用されることもある概念である[4]）．ウイスキーの語源はゲール語由来だとしても，その製造方法や商取引などはやはり中世以降であるがゆえに，「ウイスキー」をそのまま「ケルトの酒」とみなすべきかどうかについては慎重にならざるをえない．

　もっとも，「ウシュケバー」という言葉の痕跡が残っており，その連続性のもと，彼らスコットランド人が，ブリティッシュに統合されることのない，ケルト人（そしてアルバ王国の末裔）としてのアイデンティティのもとで暮らしてきた事実がある以上，ウイスキーは彼らにとってバグパイプなどと同様にケルト系社会の文化的産物ともいえよう（古代ケルトに由来するものではないにしても）．それに，「ウイスキーは何文化に属するものであるか？」という問いに関しては，他に相応しい呼び名もそうそうないので（単に「スコットランド文化」と呼ぶには，ウイスキーというものはアイルランドなどの他地域のゲール語圏にも関わっているので），本書ではあえて「ケルト系言語の痕跡が残る地域」に属するものという言い方をしているわけである[5]．

起源はアイデンティティあってのこと．

　とはいえ，これだけではまだ，「スコッチウイスキー」を説明したとはいえない．霧や靄が大地に沁み込み，岩場を抜けて，いくつもの水滴と水流の合同から川が作られるとしても，霧や靄そのものが川ではないように，スコットラ

ンド人およびアイルランド人たちがアランビックを用いてつくっていた地元の蒸留酒は地理的・時間的・人為的作用のなかで或る種の表象を伴うよう形どられ，そこではじめて「○○ウイスキー」として認知されるようになっていったからである．つまり，それがケルト文化圏でなんとなくつくられていた蒸留酒というだけでなく，その文化的言語が根付いた土地において，「スコットランドの地酒」「アイルランドの地酒」として，その生産・消費・交換（売買），すなわち経済活動が意識的かつ継続的になされることでそれらはウイスキーとして存在するようになった．当然，それは現在まで何らかの形で引き継がれたものである．そして，そうした継続性・連続性があってはじめて，「オリジン」というものが意味をもつようになる．

　これはちょうど，過去の時点において何者であるかはまだ決まっていないが，苦労と試練の人生を積み重ねてそこを振り返ってみると，確固たるアイデンティティの出発点がそこで発見されるようなものである．たとえば，「素晴らしい鍛冶職人だ」「人間国宝だ！」と呼ばれる人物であっても，30年前に親方に弟子入りした時点ではそうではなかったし，もし途中でやめていたら，そこにおいてそうした鍛冶職人としてのオリジンは存在しなかったことになる．しかし努力と研鑽の積み重ねのなか「凄腕の鍛冶職人」としてのアイデンティティが確立したとき（そのかけがえのない卓越さが対外的にも認知されるようになったとき），30年前に弟子入りして努力しはじめたその時点こそがその鍛冶職人にとってのオリジンということになる．スコッチウイスキーも同様であり，生活のなかでそれに関わる人々の努力・苦労が積み重ねられ続け，他のものにはないスピリッツ（spirits）がみいだせるようになってはじめて，usque baugh は「ウイスキー」のオリジンとなることができたのである．

　したがって，もし，「ウイスキーのオリジンはスコットランドかアイルランドか？」といったありきたりな（しかし面白い）起源論争に関する質問があるとしても，その答えは，「スコットランドとアイルランドを含む，ケルト語（ゲール語）文化圏の地酒にある」ということでしかなく，どちらか一方を排除しようとするのは無意味である（アイリッシュウイスキーの由来は，アイルランドの「ウスキボー」であってスコットランドの「ウシュケバー」ではないからである）．スコッチもアイリッシュも，それぞれが立派な川として分離・独立した形で存在しており，

前者においても後者においても，ウイスキーのオリジンがそれぞれにみいだせる．ただし，そのオリジンを含む「道筋」「歴史」はそれぞれ独自のものとなっており，だからこそそれぞれにかけがえのないアイデンティティがあるのだ．

注

1）実際，前述のボイスはスコットランド人，モリソンはイングランド人であるが，両者ともラテン語で年代記や旅行記を執筆している．

2）ギルド以外の市民に対して，"na person, man or woman, within this burgh mak nor sell ony aquavite" という文言によってその製造・販売を禁止している ［B. G. 1858：283-293, 287］.

3）Kosar ［2010：邦訳 88-89］.

4）こうした学術的な議論の詳細については，田中 ［2002：1646-1668］ を参照．

5）ケルト専門の研究者たちからすると，言語的痕跡のみをもって「ケルト文化」を語ることについて各種異論はあると思われるが，そうした異論があることをもって，その地域において積み重ねられてきた生活史のなか，アイデンティティを育みそこに誇りを持っている住民たちの文化的帰属意識までも否定することはできないだろう．

第15章

スコッチ規制の歴史

スコッチは抵抗の象徴？

　前章で説明したように，スコットランドの地酒ウシュケバーはウイスキーとして生き残り，そしその文化的象徴ともいえる「スコッチ」となるわけであるが，しかし，スコッチウイスキーは常に国家権力から課税の的とされることになる．たとえば，1644年，スコットランド議会はウイスキーをはじめとするさまざまな酒に課税をした[1]（税率は1パイントあたり2シリング8ペンスであり，その後，クロムウェルの統治下に減税，王政復古後に廃止となった）．もっとも，この時期はスコットランド王家の流れをくむスチュアート朝のチャールズ1世（Charles I）の治世下であり，彼がイングランド王とスコットランド王を兼任していたことを考えれば，それはイングランド的な介入ともいえるのだが．

　中世から近代にかけてのイングランド主導による課税の多くは，戦争などによる財源不足という面が大きかった（それはかのマグナカルタの成立当時においても同様である）．イングランドは，征服したアイルランド，あるいは隣人のスコットランドに対しては遠慮なく介入するなど自分たちのやり方を押し付けたことは周知のとおりであるが，1707年の合同法（Act of Union）によってスコットランドを合併した後でもそれは変わらず，イングランドは主導権を握りながら常にスコットランドに干渉してきた．スコッチへの干渉はその代表的なものであり，或る時は禁止，或る時は課税強化がなされた．スコッチの歴史は規制との闘いの歴史であり，それをぬきにしてスコッチの文化的アイデンティティを語ることはできない．

　もっとも，公正を期すために一言触れておくならば，スコッチの普及に対し，

国家や政府が何らかの手段を講じることは（そのまま放置するよりも）社会的意義があったのも事実なわけで，しかも，巡り巡って結果的にはスコッチ業界も恩恵を享受できたことは否定できない．ただ，結果良ければすべて良しというわけではないし，そのやり方がアンフェアなものであればやはりそこには問題があったともいえる．列強の支配によって植民地となった属国が多少の恩恵を受けたとしても，不当な支配形態はやはりどこまでいっても不当なわけで，恩を売りたいのであれば正当な手段によって相手に恩恵を与えておくべきである．同様に，いくらスコットランドが恩恵を受けようが，その政治的意思決定において，当のスコットランド人たちの意向よりもイングランド側の意向が働いていたことは，自由を愛するスコットランド人たちからすると我慢ならなかった．

スコッチ課税の是非

　ただし，スコッチの普及そのものがさまざまな社会問題を引き起こしていたこともまた事実である．スコッチの普及がもたらした社会問題について簡単にまとめるならば，それは，（ⅰ）「酔っ払いの増加」，（ⅱ）「労働生産性の低下」，（ⅲ）「税収の低下」，そして，（ⅳ）「食料備蓄の減少」である．（ⅰ）は当然予想がつくだろう．嗜好品が少ない時代，新しい嗜好品には誰もが飛びつく．しかも，それがビールなどの醸造酒よりも保存がきくもので，手っ取り早くハイになれて，手持ちの瓶やスキットル（skittle hip flask）に入れて持ち歩いてどこでも飲むことができるのならばなおさらである．しかし，それがよくなかった．朝起きて飲んで，仕事場にもっていって昼にも飲んで……を行う労働者が増えるとどうなるか．それは（ⅱ）のような労働生産性の低下である．あからさまに仕事の手を抜くわけでなくとも，酔っぱらっていれば明らかに生産性は低下するであろうし，また，人々の健康寿命・労働寿命も短くなったことだろう．そうす

マッカラン蒸留所に展示してあるスキットル

ると，当然（iii）のように税収は低下するし，（iv）の備蓄用の食糧も不足するといった事態を招く．（iv）については，主原料である麦芽だけでなく，他の穀物，食用のハーブもウイスキー生産に使用されていたということもあって（そもそもウシュケバーとはそういう類のアクアヴィテであったので），備蓄用の食料がさらに減ってゆく原因とみなされていた．

　飢饉がたびたび起きていたこともあり，1757年にはイギリス全土でウイスキーの蒸留が禁止され，主だった蒸留施設は1760年まで稼働停止を余儀なくされた．それが明けたあとの1783年のスコットランドの飢饉は相当なもので，再び蒸留禁止令がだされた．飢餓が起きたとき，本来は食用に回されるはずの穀物がウイスキーに使用されているのではないかと人々は疑念を抱いていたし，穀物を求めて蒸留所が襲われたケースもある［MacLean 2013：26-27］．

　つまり，スコッチに関する政策のうち，何が弾圧であり何がそうでないかをきちんと理解することが重要であって，そうでなければ，スコットランドとイングランドとの敵対関係というステレオタイプを強化することにしかならない．実際，1700年代よりはるか以前の1579年にも農作物の収穫不足ゆえにスコットランド議会によってアクアヴィテ製造が制限されることがあったわけで，ここにはイングランド側の意向はかかわっていない．また，1707年の合併時，スコットランドに対する麦芽酒税の徴収は猶予となっており，これはスコットランド側に対するイングランド側の配慮ともいえる²⁾．スコッチに関するいくつかの書籍では「スコットランド人たちはイングランド側から不当な弾圧や徴税を受けており，そうした試練を与えられていたスコットランド人がそれを乗り越えることで作ったお酒こそがスコッチである」と解説していることもあるが，それは或る意味では正しいとしても，完全に正確というわけではない．

　たしかにイングランド側はスコットランド国民に対する課税によって税収アップを目論んでいた節もある．しかし効率的に税を徴収するためには，住民が健康なまま長生きして，課税対象である商品を効率的に生産してもらう必要がある．ゆえに，イングランドとしては，飢饉のときにまでウイスキーを作らせてそれに課税して搾り取ろうとしたわけではなく，むしろ，その飢饉の抑制に努めようとしたという点では，イングランド主導によるこうした蒸留禁止令そのものはまっとうな面ももっていた．

　イングランド主導によるウイスキーへの課税というものについては，ほとんどの場合，抑圧・弾圧の象徴として描かれがちであるが，それ自体は良い効果も伴っていた．たとえば，現代であっても，禁煙率を低下させて国民の健康改善を試みる場合にはタバコに課税することでそれを自発的に差し控えさせ，その結果，国民の健康状態を全体として向上するように仕向けることは行われている．[3] 同様に，ウイスキーへの課税措置は，財源確保に加え，健康改善，生産力向上，食料備蓄の増加，といった点では正当とみなすこともできる．なにより，イングランドはジンに対しても課税をしていたわけで，スコッチのみをターゲットにしてスコットランド人から搾り取ろうとしていた，というのはやや誇張気味な表現である．

規制が裏目にでることもある？

　しかし，イングランド側がスコットランドを抑圧していたことも事実であり，その反骨精神から，スコットランドのウイスキーがその民族的アイデンティティを反映する「スコッチ」となったことも確かである．イングランドと同じ王をいだく（いわゆる同君連合の）スコットランド議会が蒸留酒に課税するのを決定したのは1643年だったが，その後，イングランドが戦争や財政難の度に課税を重ねるようになり，モルトだけでなく，スティル，スティルからでる蒸留液に，となんでもかんでも課税するようになった．[4] 普通はそうした課税は負のインセンティヴとして生産に或る程度の歯止めをかけるように思われるが，ところが，一旦高まったウイスキーの需要はそうそう簡単に収まるものではない．あまり代替品がない時代であるし，手っ取り早く持ち運びもできて保存も効くウイスキーは下層階級にとってバッカス（酒の神）からの贈り物だったのだ．そんななか全面禁止にするのはかなりの抵抗を生じさせたことだろう．

　たとえば，合併以降の1712年のイギリス議会において，それまでスコットランドに対し猶予されていた麦芽酒税を取り立てる法案が可決されたが，その際，貴族院の一員であったスコットランド貴族フィンドレイター伯は，これを不満として合併解消の演説を行ったほどである．[5] スコットランドの貴族ですらそうであるのだから，庶民はもちろん反発したででであろうし，スコットランド側が

密造へと傾いていったのは想像に難くない.

　もちろん, イギリス議会や政府だってそんなことは承知であるし, 闇取引が横行しては元も子もないので,「400ガロン (1818リットル) 未満のウォッシュスティル[6]を用いた蒸留を禁じる」といった施策を打ち出した. これは, 400ガロン以上の単式蒸留器 (ポットスティル) を有する大きな蒸留施設をターゲットにすることで生産量を明確に測りやすくなり, その課税・徴税が容易になるし, そこから安定的税収が期待できるからである.

　しかし, それでも高まり過ぎた需要とそれが示唆する「うまみ」は, そうした政策そのものを無効化してしまうものである. というのも, 高い需要は通常価格よりも高値での取引を可能にするものであり――簡単にいえば, 欲しがる消費者が多くいれば, 生産者や販売者はそれを割高の価格に設定しても売れるので (供給よりも需要が高いときには価格が上昇する!) ――400ガロン未満のスティルで蒸留することを禁止しても, 高値で売れるウイスキーの生産をそうした小規模事業者や個人がやめることなどはなかった. 彼らは非合法の小さなポットスティルで課税を逃れつつ密かにウイスキーをつくり, 自分たちで飲んだり, あるいは欲しがる人たちに売りさばいていたのだ.

　それを示す単語が, 現在でも販売されているとあるスコッチの名前につけられている. それはスカイ島を拠点とするボトラー, プラバンナリンネ社 (Pràban na Linne) が販売する**ポッチグー** (Poit Dhubh) というブレンデッドモルトであるが[7], これは直訳すると「黒いポットス

ティル」であり, それは, 当時非合法であったポットスティルを意味する. 非合法で悪に染まっているから黒いのか, 実際にポットが煤などで薄汚れていたから黒いのかは定かではないが, 密造酒時代に収税吏の目を逃れてアンダーグラウンドで生産・販売するには, 小さめで目立たない (それこそ黒っぽい) ポットスティルであったと予想できる (アイルランドでは, 同様の非合法なウイスキーは「ポチーン

Poit Dhubh 12年のボトル

Poitín」(小さなポットの意)と呼ばれていた).

　しかし,こうした密輸時代をもって,「スコットランド人は守銭奴であった」という話にすべきではない.おそらく,当時は誰であれそのチャンスがあれば密造・密輸したであろうし(実際アイルランド人もアメリカ人も同様のことをしている),多くの人はそれを当然と思っていた.そうするだけの理由が彼らにはあったのだ(とりわけ貧しい農民や,安定的収入が望めない商人などに).

　ただし,スコットランド側を規制するイングランド側からすると「スコットランド人は狡賢い」「やつらは無法者だ」という認識にどうしてもなってしまう.逆に,スコットランド側からすると,取り締まりが厳しくなり,課税も重くなるうえに,「自分たちに従わない意地汚いやつらめ」とばかりにイングランドの命令を受けた官吏が高圧的な態度をとってくるとよけいに「イングランドは自分たちを利用し,抑圧している」というふうに対立は深まるばかりで,ここからは良い結果はうまれない.18世紀中盤には密輸が盛んとなり,ときに収税吏が殺されたり,あるいは,収税吏が賄賂を受け取って密造・密輸を見逃すこともあった(もちろん,それはアルコール依存症が増加する一方で納税額が減るという最悪の結果にしかならない).

　スコットランド人たちからしてみれば,かつて合法だったものが急に違法扱いされて操業停止を命じられたり,唐突に重税を課されたりすればどう感じるであろうか? 大規模生産者は操業を禁じられていないが,しかし,税が重く課せられるならば,それでももうけを捻出するためにウイスキーの価格を上げざるをえない.必然的に,作られたウイスキーは一般消費者の手が届かない嗜好品となってしまう.このように,自分たちの地酒であるスコッチウイスキーを,イングランド議会の政策によって取りあげられたスコットランド人たちはどのような気持ちであったのだろうか? おそらくは,「ふざけんな! スコットランド人なめとんのか?」という感じであっただろう.

注
　1)これについては,Moss and Hume[1981:邦訳 45]を参照(その他,Stewart[2016]など).
　2)もっとも,これはある面では,大陸諸国と対立気味であったイングランドが,隣人で

　あるスコットランドの反乱を警戒しているがゆえの寛容な政策ともいえるのであるが.

3）こうした課税措置は,（禁酒, 禁煙などの）目標とするものへ向かう意思決定に作用する外的誘因ということで「インセンティヴ」と呼ばれる.

4）もちろんこれは使用モルトの量を少なめに申告したりする蒸留業者に対する対抗策であったのだが, 結局はいたちごっこであった. あまりにも厳しい要求と監視は, 本来望んでいたものに対して逆効果となってしまう, ということである.

5）このあたりの事情について詳しく紹介しているものとして, 小林 [2011], 第 2 章を参照.

6）ウォッシュスティルとは二回の蒸留のうち一回目を行うところの初留釜のことである. そこでは麦汁に酵母を加えてアルコール発酵したウォッシュ（もろみ）が熱することで, アルコールを上部に飛ばす（その後冷却して集める）ためのもの.

7）ちなみに, 現在販売されているこのポッチグーは, キーモルトはタリスカーと言われているが他のモルトについては何が加えられているのか定かではない. しかし, ものすごく良くできたブレンデッドモルトで（そもそもブレンデッドモルト自体, つくるのがかなり難しくそこまで出回っていない）, とりわけ12年は, アイランズ的な海を感じさせる力強さに, ハイランド的な麦味, スペイサイド的な滑らかさといったバランスが見事に実現されている. まだ飲んだことがない人は是非試してほしい.

第16章

密造酒時代を超えて

呪われしスピリッツ

　蒸留酒への課税や規制に関しては，イギリス議会は同様のことをスコットランド人だけでなくイングランド人に対しても行っていたことを忘れるべきではない．イギリスを代表する酒というのはいくつかあるが，ウイスキー以外でいうならば，それは，やはり「ジンGin」であろう．

　ジンとは，ジュニパーベリー（juniper berry, セイヨウネズの球果）によって香り付けがされたお酒である．名誉革命時の1688年，オレンジ公ウィリアム（オランダ出身）が即位のために英国にやってきた際，オランダ由来のイェネーヴァ（Jenever）という蒸留酒が持ち込まれ，それが「ジン」として定着したとされている．

　資本家たちの投資も盛んなイングランドでは蒸留器がいちはやく普及したこともあり，じゃがいもやモルトを主原料とした蒸留酒を連続式蒸留器で手早くつくったのち，そこにジェニパーベリーをはじめいくつかの植物由来の材料を加えて単式蒸留する「ドライジンDry Gin」が近代を代表するドリンクとなってゆく[1]．ビールやシードルの値上がりがあった一方，大量生産による低価格のドライジンが流行り，「ジン」はイギリス酒文化の中核をなすようになった．安価なそれは，またたくまに都市労働者たちに広がっていったが（いわゆるGin Craze），そこでやはりスコッチ同様の問題が起きてしまった．しかも，イングランドで一番人口が密集するロンドンにおいてアルコール依存症が増えるということは，治安の悪化にもつながり，麻薬やその他の犯罪も蔓延ることとなる．

　18Cでさえ，画家ウィリアム・ホガース（1697〜1764）がロンドンイーストエ

ンドの状況を描いた「ジン横丁Gin Lane」のように，アル中の母親が赤子を落っ
ことしそうになり，男性が座り込んで犬と骨をとりあったり，勤勉な労働者が
いなくなり荒廃した町がそこにあった（質屋だけは唯一繁盛していてキレイであり，
おそらくそれは人々がジン欲しさに持っているものを質に出していたからであろう）.

　こうしたことから，イギリス議会は，まずジンの小売業者に税金をかけ，ジ
ンの販売を年間許可制とした（Gin Act 1736）.　さらには，ジンを仲介する商人
に対してもライセンス制を導入し，その商業活動にも税金を課した（Gin Act
1751）.

やはりウイスキーが悪者？

　そのように，イギリス議会による蒸留酒への懸念と対策はイギリス全土に及
ぶものであり，蒸留酒への課税をそのままスコットランドの抑圧政策と同一視
することには慎重になるべきであろう.　その時期のイギリス全土の関心の的と
して，スピリタス系飲料の過剰摂取が取り上げられていたことは，世界最初の
総合情報誌といわれる『ザ・ジェントルマンズ・マガジン *The Gentleman's
Magazine*』の1753年8月号をみても一目瞭然である.

　もっとも，そのなかでもウイスキーがその代表として悪者扱いされていたと
いうのは，やはりどこかイングランド目線を感じさせる（以下の記事はアイルラ
ンドに関する項目のもので，ダブリンについての記事）.

> 　いまや，天然痘，熱病，骨折，事故，そして他のあらゆる心身の病気以上
> に，スピリタス系飲料，とりわけwhiskyの過剰な飲酒によって多くの人々
> が死亡するのはあまりにも当たり前となっている.　そして，信じるべき筋
> によれば，この町の或る小さな酒屋に限っても，あのいまわしいスピリッ
> ト，whiskyは120ガロンも販売されているのだ.[2]

　上記引用記事はアイルランドの健康被害に言及しているものだが，しかしジ
ンなどには触れることなく「ウイスキー」と名指ししている点は興味深い.　も
しかすると，ロンドンのジンが地方（アイルランド）ではそこまで求められるこ
となく相も変わらずウスキボー（ウシュケバー）が消費されていたことに対し，

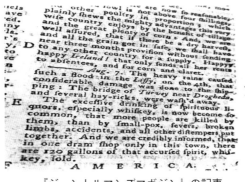

『ジェントルマンズマガジン』の記事
（神奈川大学図書館所蔵版）

イングランド人たちからすれば，どことなくそれが田舎特有の現象であり，呪われた悪習のように見えたのかもしれない．あるいは，辺境のアイルランド，スコットランドに対し，ロンドンのドライジン業者や商人は自分たちの商品を輸出したがっていたのだが，それぞれが地元の（呪われた）ケルトの地酒ばかりを好んでいたことに対する反発もあり，その辺の含みも記事に反映されていたのかもしれない．

いたちごっこから生まれた樽熟成

いずれにせよ，18世紀はウイスキーに対する風当たりが強かった時代であり，それに関連するスコットランドへの介入政策は地元スコットランド人たちからすると怒りを覚えるものであったことだろう．彼らからすれば，ジンの事情など知ったことではなかったし，ジンの問題はあくまでイングランドの問題であって，スコッチの問題はやはりスコットランドが決めるべきことであった．だからこそ，スコットランドにおけるウイスキーへの取り締まりは逆にスコットランド人の反発を招き，密造と密輸を蔓延らせることになった．

収税吏は**密輸人**（スマグラー smuggler）に襲われることも度々であったし，賄賂を受け取ることで密造・密輸を見て見ぬふりをすることもあった．当然，そうした違法行為が許されるはずもないので取り締まりは強化されるのである

が，ますますスコットランド人たちは「自分たちを抑圧するのはやめろ！」という反骨心を強化することになる．ここから，「イングランド人とは異なる自分たち」というスコットランド人としてのアイデンティティ，そして，自由への渇望というリベラリズム精神，この二つが結びついた．つまり，ウイスキーは単なる蒸留酒ではなく，「自由を求めるスコットランド人において，その生産・流通・消費が権利として保障されるべき地酒」，すなわち「スコッチ」となったのだ．

　興味深いことに，このあたりの事情は，そののちのスコッチ，いやウイスキーそれ自体のアイデンティティに多大な影響を与えた．それは何かといえば「樽熟成」である．もはや定説といってもよいが，ウイスキーが琥珀色になったのはこの時代からであり，それまでは無色透明な生命の水でしかなかった．スコットランドの蒸留業者が収税吏の調査から逃れるためにつくったウイスキーをたまたま樽に隠していたところ，樽のなかで熟成されて，琥珀色で味わい深いウイスキーができたのである．そこから樽熟成による琥珀色のウイスキーがイギリス全土に普及してゆき，それがウイスキー製造に不可欠な過程となってゆく．そう，ウイスキーの琥珀色は，徴税と脱税の駆け引きのなか生まれた偶然の産物であったわけだ．

陽の目をみはじめるウイスキー

　さて話を戻すとしよう．18世紀，スコッチウイスキーへの課税と監視・制裁を強めたイギリス議会ではあったが，スコットランド人の反骨精神のまえではその氾濫を押さえることはかなわず，また，思ったように税収も伸びなかった．そこで，19世紀にはイギリス議会は北風政策から太陽政策へと切り替える．1823年の酒税法のもと，政府が許可証を発行し，そこでは大幅に税が引き下げられる形で合法的な蒸留が行われるようになった．これは政府にとっても良い結果をもたらした．つまり，税の引き下げとその合法的お墨付きによって，新規参入業者が増え，結果として安定的な税収入に繋がるようになったからである．認可を受けた第 1 号は1824年のグレンリベット蒸留所といわれているが，[3]これを皮切りに，1823年から1825年にかけてライセンスを取得した合法蒸留所

は125から329にまで増えた［Maclean 2013：31］.

　さらには，蒸留所が商売によって獲得した財貨は，新たな原材料や設備，その他いろいろなものを購入したり従業員を雇用するために用いられた.すると，そこで収入を得た別業者や従業員たちがそのお金で別のものを購入し，それによって他業界の人たちも収入が増え，その人たちがまたスコッチなどを購入する……といったように，社会全体として有効需要が高まり，消費が増えた.お酒を取り扱うパブや雑貨屋が潤って，それが波及する形でイギリス経済全体が活性化した.ここからウイスキーブームはさらに（しばらく）加速することになるが，そのあと押しをしたのは**産業革命**（Industrial Revolution）であった.

　スコットランドの港町グリーノック生まれのジェイムズ・ワットは1769年に蒸気機関を開発・応用し特許をとったが，それはまず蒸気船に導入された.その後，リチャード・トレビシック（Richard Trevithick, 1771~1833）による初の蒸気機関車試走──10トンの鉄を積んだもの──が1804年にウェールズで成功し，1830年にはマンチェスター＝リバプール間での旅客輸送の成功，1842年にはエディンバラ＝グラスゴー間が開通し，鉄道による物流がスムースになった.こうした鉄道網やさらには蒸気船の発達により，国際的なアクセス，そして国内における都市間の文化的・経済的交流が盛んとなった.これは，スコットランドで作られたスコッチウイスキーが名産品としてイギリス各地へ，さらには海外へ輸出されるようになったということである.交通インフラの整備は経済活性化の基盤であり，その活性化による恩恵がさらなるインフラの拡充を助ける，といった具合にスコットランド全体が発展していったが，この背景には輸送コストを減らしつつスピーディーな運搬を可能にするところの画期的な技術革新があったというわけである.これは大量生産・大量消費時代の本格的な幕開けであった.

　それともう1つ.スコッチへのニーズの高まりは，ヨーロッパにおけるブドウ被害という事情もその背景にある.1860年代半ば，フランスのワイン業界はブドウネアブラムシ（Phylloxera）の大量発生によって壊滅的な打撃を受けた.また，イギリスの中流階級が楽しんでいたコニャックの原料を供給していたシャンパーニュ（Grande Champagne）のワイン畑も壊滅的被害を受けたので，ヨーロッパやその他地域へのアルコールへのニーズを満たすものとしてスコッチへ

の認知度が高まった．スコッチの世界進出が始まったのである．

注

1）ビーフィーター（BEEFEATER），タンカレー（Tanqueray），ボンベイ・サファイ
ア（Bombay Sapphire），No. 3（ナンバースリー）などが有名．

2）*The Gentleman's Magazine and Historical Chronicle*（*1753*），by Sylvanus Urban,
London, Vol. XXⅢ, Aug, p.391（資料は神奈川大学図書館所収）．なお，Sylvanus Urban
とは，ジェントルマンズ・マガジン創設者 Edward Cave のペンネーム．

3）なおグレンリベットのホームページには，1822年に訪れたジョージ 4 世が密造してい
たウイスキーを味見した，と記されている．

4）有効需要（effective demand）とは，単なる需要ではなく，実際の貨幣的支出を伴い
うる需要のこと．

5）トマス・ニューコメン（Thomas Newcomen, 1664～1729）が開発した鉱山の排水装
置を蒸気機関のオリジナルと見なす場合，ワットのそれは「開発」というよりも「改良」
と言った方がよいのかもしれないが．

第17章

世界を席巻する「スコッチ」

時代とのマッチング

スコッチはヨーロッパだけでなく，北米をはじめ，インド，ニュージーランド，南アフリカへも輸出されるようになり，ジンも含めると，イギリスは世界屈指の蒸留酒生産国となった．1885年には，イギリスで生産された蒸留酒の売り上げは1400万ポンドにのぼり，それは当時の国家収入の1/6だったとされる［MacLean 2013：38］．おそらく，ここには宗教改革以降の社会変化もその背景にあったように思われる．ローマ・カトリックの清貧的な教えが弱まり，商業活動を奨励するプロテスタンティズムがヨーロッパ社会を席捲したことで近代資本主義が普及したことはマックス・ウェーバーの『プロテスタンティズムの倫理と資本主義の精神』が指摘しているとおりである．そこでは労働が肯定され，「現状よりももっともうけるために事業規模を拡大し，取引を増やそう」というエートス（習慣的態度）が倫理的に正当化された．

中世におけるお酒とは単なる嗜好品というだけでなく，飲料水の代用品，医薬品，さらには宗教的な意味合いをもつものなどその用途は多岐にわたっていたのであるが，近代になるとむしろそれは嗜好品としての色を強め，資本主義がその拡大を後押ししてゆく．つまり，世俗的な資本家——土地所有者や機械所有者たち——によって，お酒造りは大規模な産業として行われるようになったのだ．しかし，それでもプロテスタンティズムのカルヴァン主義の影響を受けた，厳格な節制を奨励するスコットランド長老派教会のもとでは，いくらスコッチ好きなスコットランド人であっても過度な飲酒は好ましくないものとされていた．そのため，すでに資本主義経済の中心地であった20世紀初頭のエディ

ンバラであっても，それなりの立場がある男性たちは密かに隠れ家やパブ内の隠し部屋のような場所にてお酒を楽しむという習慣があった.[2]

　しかし，そのような禁欲的プロテスタンティズムのもとでの反飲酒の風潮のさなかであっても，スコッチウイスキーという記号が，従来のスコットランド人の文化的アイデンティティ，そして，近代的な商業・産業精神と結びついたとき，スコッチはスコットランド人の誇りを象徴する商品として世界へと拡がりをみせ，スコットランドの外側においても「スコットランド人のお酒であるスコッチ」というイメージが定着してゆく.

自らも変化するスコッチ

　このように，国内外において蒸留酒のニーズが高まると，スコッチ産業もそれに対応する必要に迫られる．つまり，昔ながらの小規模生産型のウシュケバーのままではいられなくなったのである．そこで登場したのが前述のグレーンウイスキー（grain whiskey）である．それは大麦由来のウォートに，コーン，小麦，ライ麦，オーツ麦などを加え，**連続式蒸留器**（別名「コラムスティルColumn still」）で蒸留したものである.

　モルト以外のいろんな材料を使用するグレーンウイスキーは，単にウイスキーの大量生産をもたらしただけでなく，その味は軽やかで甘く，多くの人の舌に親しみやすさを感じさせるものであった．そもそも，連続式蒸留器は純度の高いアルコールを生産しやすく，その味はクリアなものになりやすい．それが，トウモロコシなどの糖質が多い穀物の糖液を発酵・蒸留したものであれば，なおさらクリアでスムースなウイスキーが出来上がり，ウイスキーファンを幅広く獲得したわけである.

　ヨーロッパ最初の連続式蒸留器を発明したのはアイルランド人のアンソニー・ペリエ（1770～1845）であったといわれるが，それをうまく改良し，1826年，仕切りが積み重なった縦長の「コラムスティル」を作り出したのはスコットランド人のロバート・スタインである（それは「パテントスティル」と呼ばれていた）．さらにアイルランド生まれのイーニアス・カフェ（Aeneas Coffey）によって1830年に改良されたものが「カフェ式連続蒸留器」として名声を博し，今な

おその功績がたたえられている．このカフェ式こそが当時のグレーンウイス
キーの大量生産に寄与することとなった．ちなみに，現在ニッカウヰスキーで
「カフェグレーン」「カフェモルト」として販売されているのはこのカフェ式連
続蒸留器でつくられたグレーンウイスキーもしくはモルトウイスキーのことで
ある（「カフェ」と名前がついているからといって，コーヒーが原材料として含まれている
わけではない）．

　連続式蒸留器の利点はスムースなウイスキーを生み出すばかりではない．従
来のポットスティル（単式蒸留器）はいちいち残りカスを排出し，あらたにウォッ
シュ（酵母によって糖液をアルコール発酵させたもの）を加えなければならないが，
連続式蒸留器ではその手間を省略する形で次々とウォッシュを投入できるの
で，製造の時間と手間を省略した合理的経営と大量生産が可能となった．合理
化と大量生産は市場における供給増につながるが，市場の原則上，供給の増大
に伴い価格は低下するので，結果として，スコッチウイスキーは庶民の手が届
きやすいものとなったのである．

　最初は徴税チェックが厳しい（イングランドに接している）ローランドにおいて
グレーンウイスキーが作られていたが，1890年代には投資家たちがそこに参入
し，グレーンウイスキー作りは過熱の一途をたどる．他方，徴税チェックを逃
れ山奥にこもり，投資家たちの参入も遅れたハイランドや島嶼部ではモルトウ
イスキーが伝統的に作られることとなった．こうした歴史のなか，新しいグレー
ンウイスキーを従来のモルトウイスキーと混ぜ合わせる形で生まれたのが「ブ
レンデッドウイスキー」である．

ブレンダーの役割も重要

　しかし，適当にブレンドするだけで美味しくなるわけではないし，味にバラ
ツキがあってはウイスキーのブランドが信用をなくしてしまう．そこで，スコッ
チ業界において必要とされるようになったのが「ブレンダー」（blender：ブレン
ドする人）である．実はこの点ではウイスキーよりも他業界の方が先んじており，
ブランデー業界はもちろんのこと，英国海軍御用達のラム酒を卸していた
ED&F Man社でも1784年からブレンドされたラム酒を出荷していた[3]．これに

倣ってウイスキー業界でもブレンダーが活躍するようになったのだ．そもそも
は樽を買い付けた小売商（今でいうところのボトラーズ）がブレンダーとなって調
合することで，あたかも香水の調合のようにスムースでメロー（熟成）なウイ
スキーを作りだすのが主流であった．今は蒸留所ごとにお抱えのマスターブレ
ンダーがいるケースが多く，彼らはその蒸留所の特徴を際立たせるような個性
的なスコッチを作り続けている．それというのも，オフィシャルボトルでの定
番の12年や18年などには根強いファンが多く，「この蒸留所のやつ，味がコロ
コロ変わるなあ……」という噂がたつとそうしたファンが離れていったり，ブ
ランド名に傷がついたりしてしまうからである．

　いずれにせよ，こうしたブレンダーの存在は，蒸留所ごとの個性あるスコッ
チの伝統を守るとともに，新たに個性的なスコッチのバリエーションをつくり
だすことにも寄与しており，伝統と革新というスコッチの二面性をまさに体現
する形で，スコッチ業界を盛り上げ続けている．

注

1）そもそも，カトリックにおけるミサとは，パンと葡萄酒（ワイン）を聖別し，聖体の
　秘跡を執り行い，イエス・キリストの死と復活を祝い，その恵みに感謝する儀式である
　（イエス・キリストの最後の晩餐の席，パンを取って「これはわたしの体である」と言い，
　またぶどう酒について「これはわたしの血である」と言ってそれを弟子に分け与えたこ
　と，そして，その後十字架にかけられ，埋葬後3日目に復活したことに由来する）．
2）こうした風習については，エドウィン・ミュア『スコットランド紀行』の第1章にて
　記述されている［Muir 1935：ch.1］．
3）ラム酒はイギリス海軍を象徴する酒として海兵に支給され，それは1970年まで続いた．

第18章

スコッチのイメージ戦略

「田舎の酒」→「紳士の酒」

イギリス政府は広告に対する課税を1853年に廃止し，1860年には蒸留酒をボトルに詰めて売ることを許可した（それまでは大きな樽もしくは甕での取引しか認めていなかった）．樽や甕でしか販売されない時期には，ほとんどの市民はパブへ行って飲むくらいしかできなかったが，ボトル販売が解禁され，市民は各自でそれを購入し家庭で好きなときに飲むことができるようになった．このボトル販売はビジネスチャンスでもあるのだが，同時に，エール（ビール），ラム，ジンといった他業界との熾烈な競争の幕開けでもあった．こうした自由市場と競争のなかスコッチ業界が生き残るためには，イメージ戦略を駆使し一般市民へと訴えかけることで，その関心をスコッチに惹きつけなければならない．歴史的に，大量生産・大量消費型社会の到来は，広告業界を活性化もしてきた（今は，反大量生産・反大量消費のもと「エコ企業」といったイメージ戦略としても広告の役割は大きいのだが）．そしてスコッチ業界はその波にのった．

デュワーズ社は1883年に，バグパイプ演奏者がキルトを着用しているブレンデッドウイスキーの広告をだし，スコットランドらしさを強調した（デュワーズ社は1898年には世界で最初の映画上映内広告をだしている）．他にも，マッカランの広告には，釣りの名所スペイサイドらしくフィッシングしている絵が描かれており，工業化が進んだイングランドとは異なる「牧歌的なスコットランド」のイメージが打ち出されている．実際，鉄道網の発達によって19世紀半ばからはスコットランドを訪れるイングランド人が増えており，スコットランドは田舎ではあっても，かつてのような近代以前の不毛な痩せた土地というイメージで

ジョニーウォーカーのラベル
シルクハットにステッキと紳士っぽい。

はなく，都市化したイングランドが失ってしまった「古き良き時代の原風景」
というイメージが打ち出された．そうした象徴の一つがスコッチであり，スコッ
チもまたそのイメージの一翼を担うと同時に，自らが作り出そうとしたそのイ
メージを利用することでマーケットでの競争を生き残ろうとした．

　昨今では，スコッチは「紳士の酒」「違いが分かる人の酒」といったクール
なイメージも浸透しつつある（007のジェームズ・ボンドなどもスコッチを飲んでいる）．

禍転じて……？

　もう一つは，スコッチの品質保証とイメージアップを，イギリス政府の禁酒
主義的風潮が——結果的にではあるが——後押ししてくれたこともある．前述
の1915年に設けられ 'the Immature Spirits（Restriction）Act' は，スコッチの
熟成期間を2年以上と定めたがそれは本来市場に出回るスコッチの量を規制す
るためのものであった．しかし，それは逆に，それを守って作られた合法のス
コッチは「きちんと熟成された素晴らしいお酒」というイメージを与えること
にもなった．「スコッチってのは安物の酒で，しかもかつては密造・密輸して
いたんだよな……」という当初の印象が，業界の法規制遵守によって良いイメー
ジへと転換されたわけである．

　さらに極めつけは，洗練された樽熟成の手法である．シェリーやワイン，ラ
ム酒などさまざまな業界へとアンテナを張りめぐらせ，そこから仕入れてきた

樽の組み合わせでつくられる芳醇なスコッチウイスキーは，伝統を守りながらも，目の前の障壁に立ち向かうべく新たなことにトライしつつ時代を切り開くスコットランド人のスピリッツの象徴ともいえる．

クセがあるのがスコッチ？

　スコッチが生き残ったさらに別の理由としては，他のライバルウイスキー（アイリッシュやバーボン）との差別化，すなわち，その「クセの強さ」を売りにしたという点もある．それが，泥炭である「ピートpeat」の積極的な活用である．スコットランドは冷涼な気候でありバクテリアが植物を分解するスピードよりも植物が枯れて堆積するスピードが速く，それが濃縮した泥炭（ピート）が地層をなす土地柄である．これは一種の化石燃料であり，石炭採掘以前の時代には伝統的にそれで火を起こすことで暖をとったり料理をしたりしていたし，また，戦争で石炭が不足している際にもそれが用いられていた．ウイスキー作りには，でんぷん質を糖化させるための酵素をもつモルト（麦芽）が不可欠であるが，そのモルトは大麦を発芽させてちょうどよいところで生育をストップさせねばならない．発芽しなければ酵素は活性化しないのだが，発芽させすぎると麦芽そのもののでんぷん質が芽の伸長に使用されるので糖化するためのエネルギーが残されなくなってしまい，まともなウイスキーができなくなってしまう（ビール造りも同様である）．ゆえに，大麦に水を与えて芽を出させ，その途中で火を使って乾燥させるのだが，まさにこの目的からピートが使用されてきたのである（ただし，近代に入ると石炭やガスの使用も増加してゆく）．
　ピートはその土地の植物や大気，水分を含んでいるので，それによって乾燥させられた麦芽は独特なニオイを帯び，そこからつくられたウイスキーもまた独特の風味を帯びる．もちろん，すべてのスコッチがピートを使用しているわけではない．マッカランやグレンモレンジのようなスムースなウイスキーのようにノンピートのものも珍しくない（しかしかつてはマッカランであってもピートが使用されていたと言われている）．他方，「スコッチといえばピート臭だろう」と考える人も多く，それを体現したかのようなものとして「ラフロイグ」や「アードベッグ」などもある．ピートに頼らずとも効率的に麦芽を乾燥させることが

できる現代においてすら，スコットランドウイスキーの伝統であるピート臭を何らかの形で残し続けていこうとする風潮はいまなお残っている．スコッチが，アイリッシュウイスキーやアメリカンウイスキー（バーボン）とは違った「クセのあるお酒」というのはここに由来するわけで，「スコッチ」というものは多種多様な事情と苦労の積み重ねによって生じてきた歴史の産物といえるだろう．

第III部

歴史をたどる

第19章

ケルト人国家スコットランド

　物流の規模も拡大した現代においては，スコッチをはじめ，いろんなウイスキーを我々は味わうことができる．それはとても便利なことであるが，しかし，だからこそ，それぞれのウイスキーを多くのもののうちの単なる商品の一つとしてみてしまい，それぞれのウイスキーがどのようにその苦難の歴史を生き残ってきたのか，そして，それに関わる人たちが，どのようにそれを自文化の誇りとして位置付けているのかに無頓着となっているのではないだろうか．

　ウイスキーを飲むのに歴史を知っていなければならないということはない．しかし，歴史を知っていれば，自分が飲んでいるそのウイスキーからいろんなものが見えてきて，単なる茶色のアルコールから得られる以上の快楽が得られるのではないだろうか．それに，スコッチが大好きな人であっても，スコッチと他のウイスキーの違いを知ることで，自身が愛好するスコッチの特別さをより知ることができるかもしれない．こうした点から，ここからはスコットランド，アイルランド，アメリカの歴史を簡単にみてゆこう．

化外の民としてのケルト人

　ウイスキーの語源 "usque baugh" はゲール語であり，そしてゲール語とはケルトの民（celtic）の言葉である．ケルト人はローマ帝国がブリテン島を一時支配する以前から存在した，中央ヨーロッパ起源の鉄器や車輪を使用していた民族であり，紀元前600年頃にはブリテン島に定着していたとされる中央ヨーロッパ由来の民族である．[1] いわゆる，「大陸のケルト」と「島のケルト」に分類されるこのケルト人は，その活動範囲や文化圏の広範さから単一の特定民族とみなすことはなかなか難しい．しかし，ストーンサークルや自然崇拝，太陽

アイルランド中央部，クロンマクノイズにあるケルト十字の墓地

スコットランド西部アイオーナ島にあるケルト十字

信仰といった特徴などある程度の共通点はみられる．

　先住民であったケルト人は，ローマ帝国崩壊後にブリテン島へ定住したゲルマン系のアングロ・サクソン人（ドイツ北岸部由来），あるいはノルマン人（スカンディナビア半島もしくはノルマンディー由来）たちとは異なる文化をもち，ときに辺境へと追いやられ，ときに同化政策を強いられながらも，自分たちの文化をなんらかの形で（多少薄まったとしても）言語や風習に残し，キリスト教化したブリテン島においてさえその痕跡を残し続けている（写真のケルト十字など）．このケルト文化は，スコットランドだけでなくアイルランドやウェールズでもみることができる．

　「ケルト人」という呼び名は，そもそもは紀元前600年頃に古代ギリシア人たちが西ヨーロッパの或る異民族を「ケルトイ」と呼んでいたことに由来する．カエサルが従軍したとされる『ガリア戦記』において「ケルタエ人」（ケルト人）と呼ばれる人々は，ガリア地方のケルタエから対岸のブリテン島（Britannia）に渡って「島のケルト」となったと考えられている．彼らはローマ帝国襲来以前のブリテン島の先住民，すなわち「ブリトン人（Britanni）」として，カエサルと，そしてその後のローマ帝国と戦った部族と考えられる．ブリタニア侵攻（BC55〜54）時の記録としては，彼らブリトン人は肌を群青色に染めた野蛮なブリタニア先住民として描かれており，後の歴史家タキトゥス（AD55頃〜120頃）

が記したとされる『アグリコラ』において，西暦83年（もしくは84年）のグラウ
ピウス山の戦いに参加した**カレドニア**（現在のスコットランド地方）先住民が
"Picts" と紹介されていることから，島のケルトとしてのブリトン人のうち，
北方で暮らすケルト系部族は「ピクト人」と呼ばれていたと考えられる[2]．彼ら
はブリテン島北部を拠点とし，ローマ帝国に屈することを拒み続け，独自のケ
ルト文化圏を築き上げ，後の「スコットランド」の先住民としてその後も歴史
的文脈のなかで時折言及されることになる．

　ブリテン島南部をローマ帝国が実効支配した後のAD122年，ハドリアヌス
の壁が作られ，ピクト人の襲来を食い止めようとしたこともあった．当時のロー
マからみて，そして，その後のローマン・ケルトや，アングロ・サクソン的観
点からみても，彼らカレドニアで暮らすピクト人は「蛮族」であり，未文化的
な部族社会とみなされていた．

　ローマ帝国崩壊前後においては，大陸から輸入したキリスト教文化を導入し
た部族も登場し，ブリテン島には諸国家も成立しはじめた．アイルランド北東
部からスコットランド西部に移住・定住したスコット族（アイルランド系ケルト）
のダルリアダ王国が，そこから現地ピクト人（スコットランド系ケルト）[3]を統合・
融合する形で9世紀に統一アルバ王国が建国された（定説では統一王国としてのア
ルバ王国建国は843年とされており，ウェセックス王国がアングロ・サクソン七王国を統一
してイングランドとなった927年よりも早い）．これがさらにスコットランド南西部の
ストラスクライド王国を吸収する形でブリテン島北部を統治し，次第に「スコー

ハドリアヌスの壁

シア」，そして，「スコットランド」と呼ばれるようになり，対外的にも認知されるようになる．

スコットランドのキリスト教

　ブリテン島において，ケルト文化が異文化と交わる大きな転機となったのはやはりキリスト教である．5世紀にはブリトン人の聖ニニアン（Saint Ninian）が南部ピクト人へ布教したが，ドルイドを中心とした自然崇拝的な原始宗教を信じていたピクト人たちの間ではあまり定着しなかった．その後，6世紀には[4)]アイルランド人の聖コルンバ（Saint Columba）がアイオーナ島を拠点として中部および北部ピクト人へ，同時期に聖マカー（聖マチャー：Saint Machar）が東部ピクト人へとキリスト教を布教し，それがきっかけとしてスコットランドにおけるケルト系キリスト教として広まっていった．7世紀前半にはアングロ・サクソン7王国の1つであるノーサンブリアのオズワルト王から乞われた聖エイデン（Saint Aidan）がアイオーナ島からスコットランド東部（およびイングランド北東部）へと布教に赴きリンディスファーン修道院を建設するなど，ローマ・カトリックがイングランドに上陸する以前に，すでにスコットランドではケルト系キリスト教が盛んとなっていた．

　あまりこれらの聖人の名前は聞いたことがないかもしれないが，アイオーナ島を拠点としていた聖コルンバはかつてネス湖で暴れていた怪物を鎮めたとさ

アイオーナ島の修道院　　　　　　　ネス湖のほとりのアーカート城

れる人物であり，その怪物がかの有名な「ネッシー」と言われている.

　イングランドにキリスト教が本格的に布教されたのはスコットランドよりやや遅れた 6 世紀末から 7 世紀初頭，教皇グレゴリウス 1 世の命を受けたアウグスティヌスによるものであった．つまり，ブリテン島におけるキリスト教化の最初の波はケルト系住民によってもたらされていた，ということである.

　オズワルドの後に王位についたノーザンブリア王オスウィは，664年にウィットビーで教会会議 (Synod of Whitby) を開催し，そこではケルト系キリスト教修道士とローマ・カトリック修道士たちの間でさまざまな議論がなされたが，改めてノーサンブリアおよびスコットランドのキリスト教はローマ・カトリックの教えに帰依することが確認され，それに伴い，次第にブリテン島におけるケルト系キリスト教は影を潜めていった．結果として，イングランド，スコットランドともに国家宗教としてカトリックが（16世紀の宗教改革までは）支配的となってゆくのだが，しかし，イングランドとスコットランドではそもそもの文化的土壌はかなり異なっていた.

注

1）木村［2008：13］.

2）ラテン語で "pictus" とは「色がついている」という意味であり（「描かれたもの」＝「絵picture」の語源），その名詞形である "picts" とは「色がついている人」「刺青を入れている人」という意味となる．なお，『ガリア戦記』においては，（現在のフランスとスペインの国境あたりの）アクイターニアで暮らす一部族として "Pictones" が紹介されているが，これがブリテン島に定住し，刺青をしつつブリテン島南部のローマ駐留地を襲撃したカレドニアのピクト人の祖先であるかは不明である．というのも，そこではガリアに住むケルタエ人（ケルト人）とは異なるアクイターニー人に分類されているわけで（『ガリア戦記』1.1.1），ケルト人とピクト人を安易に同一視できない理由がここにある．とはいえ，ガリア語自体はケルト語派のPケルト語であり，大陸のケルト由来で先住ブリトン人たちのブリテン語（ブリソン語：Pケルト語），そして，同じケルト語派の1つであるゲール語（ゴイデル語：Qケルト語）の痕跡がブリテン島各地に残っていることからも，ガリアのケルト人たちがブリテン島に渡っていたこと自体は認めるべきであろう．そもそも，情報ネットワークや記録体制が未成熟な古代ローマにおいて，そこでなされている区別が厳格なものである保証もないし，ガリア地域に暮らす諸部族を分類するための単なる呼び名が混同されている可能性が十分にあるので，ここらへんの資料のみをもってケルト人・ブリトン人・ピクト人を理解しようとすることはむしろ

その理解を妨げることにもなりかねないだろう．

3）大陸から移住し，紀元前600年頃までに定住したスコットランド系ケルト人は総じて「ピクト人」と呼ばれ，その後，（同様に大陸からアイルランドに移住．定住したとされる）アイルランド系ケルト人たる「スコット族」がスコットランドに移住して領土を拡げ，そこから両者が対立・融合してゆき「スコットランド」と呼ばれる国ができあがった，とされるのが一般的な説である（Smout［c1969：邦訳　3–5］，日本カレドニア教会編［2008：序章および第1章］，他，松井［2015：2］など）．ただし，スコットランドには（およびアイルランドにも）紀元前600年以前より遥か昔から独自の文化をもった先住民が存在していたことは明らかであり（先史時代の遺跡，巨石文明など），スコットランド先住民を総じて「ケルト系民族」と呼んでよいかどうかは議論の余地がある．

4）彼らは，アイルランドにおけるケルト系キリスト教の祖である聖パトリックから「背教のピクト人 Apostate Picts」と呼ばれたりもした．

第**20**章

反逆の酒ウイスキー

自由を愛し抵抗するスコットランド

　イングランド側ではアングロ・サクソン人の王国が支配する時期もあったが，その後のヴァイキングの襲来，クヌートの北海帝国への編入，そしてウィリアム1世によるノルマン朝の発足によって強力な封建制が確立し，その後のプランタジネット朝を開いたヘンリー2世によって中央集権的な国家となった．しかし，ブリテン島辺境のスコットランドでは，アルバ王国由来のスコットランド王は存在したものの，各氏族（クラン）は独自の領地経営と慣習的統治形態であったということもあり（とりわけハイランドや島嶼部では），イングランド的な統一的な集権国家の構造とは異なるものであった．

　そもそも，スコットランド諸侯にとっては，中央集権による強権的な管理というものは違和感を覚えるものであった．近代になると，長年スコットランドを侵略してきたイングランドの，しかも教義が異なり，イングランド国王を頂点とする英国国教会からの強引な干渉もあって，その介入は自由の侵害のようにも思われたのであった．これに対抗するスコットランド側の宗教的結束は「国民盟約 National Covenant」と呼ばれ[1)，後のイングランド内戦や清教徒革命にも大きな影響を及ぼした．

　ノルマンコンクエスト以降，スコットランドがたびたびイングランドに屈服したことは事実であるが，自由を愛するスコットランド人はその支配に抵抗もしているし，なかにはイングランドへ内政干渉したり侵攻するケースすらあった．しかし，スコットランド王家由来のイングランド王ジェイムズ1世（スコットランド王ジェイムズ6世）が同君連合として即位したことを契機に，両者は結果

的に連合王国への道をゆくことになる．スコットランドによるイングランド内
戦や清教徒革命への介入，クロムウェルによるスコットランド侵攻など，いろ
いろ紆余曲折は（かなり）あったものの，スコットランドはイングランドと同
一君主・同一政体のもとで隣人同士の付き合いをしてゆくことになった（仲睦
まじいかどうかは別として）．

ジャコバイトの乱とウイスキー

その後も，スコットランドは——全面的ではないにせよ——イングランドと
たびたび対立してきた．名誉革命（1688～1689）で追い出されたスチュアート王
家の血筋であるジェイムズ2世とその直系男子（老僭王ジェイムズ3世，小僭王
チャールズ3世など）こそが正統なイングランド王（そしてブリテン王）であるとみ
なす一派「ジャコバイト」が反乱を起こしたジャコバイトの乱は，イギリス近
代史を語る上で欠かせない出来事である．

ジャコバイトはハイランドを中心に蜂起し，ときにフランスなど対外的勢力
と結びつきながらイングランドひいてはグレートブリテンを脅かした．スコッ
トランド貴族を中心としたジャコバイトの挙兵は，大規模なものだけでも1689
年，1708年，1715～1716年，1745～1746年のものがある．[2]

「ウイスキー」（スペルは"whiskie"）の語が最初に文献上登場するのは，1715
～1716年のジャコバイトの乱においてである．好事家ジェイムズ・メイドメン
ト[3]が集めた文献資料 *A Book of Scottish Pasquils* (*1568-1715*) には，ジャコバイ
トの蜂起に参加した23代目マー伯ジョン・アースキンと，それを鎮圧した2代
目アーガイル公ジョン・キャンベルとの対話のなかで「ウイスキー」という単
語が登場する．スコットランド側として反乱を起こしたジャコバイト側のマー
伯[4]が，「ウイスキーで我々の脳は狂乱し，嗅ぎタバコによって我々の銃に火が
つけられることでしょう．我々はどこまでもうってでましょうぞ」と語ってい
るのだが，ここではジャコバイト蜂起における当時のスコットランドの大物が，
ウシュケバーである「ウイスキー」を，辺境で暮らす自分たちの（勇猛な精神の）
文化の一端とみなしていたことがうかがえる [Maidment 1868：404].[5]

しかし，後期ジャコバイトの乱の後，ハノーヴァー朝のもとでスコットラン

ド文化が抑圧されるようになったのは周知のとおりである．ゲール語の使用禁止，キルトの着用不可などに加え，スコットランド人たちが飲んでいたウシュケバー的なウイスキーは「反逆者たちが飲む地酒」として，禁止されたり課税強化の対象となってゆく．18世紀のスコットランドにおいて，収税吏の監視の目を逃れてこっそり密造酒が作られようになったことは多くのウイスキーの本で紹介されているが，そうした密造酒は公的なアクアヴィテではなく，非公式なウシュケバーとしてのウイスキーだったといえる．連合王国となってイングランドの監視下におかれてもなお「自分たちの酒」としてハイランドの山奥などで密かに作り続けられていた非合法のウシュケバーが1800年代前半にイギリス政府（とその時期の統治者ジョージ4世）による認可を得たのち，それがイングランドにも広められたことで「ウイスキー」として表舞台に返り咲くことができた．

　前述のとおり，反乱の主力たるハイランドの氏族（クラン）に対しグレートブリテン（すなわちイングランド側）は弾圧を強め，クランの武装を解除し，キルトの着用を禁じるなど，スコットランド文化，とりわけハイランドへの抑圧を強めた．その後，名誉革命以降の統治体制を正当化する——つまり，ハイランドのジャコバイトの乱に否定的な——グレートブリテン政府は，ハイランドの非効率的な氏族的世襲型の借地制度を解体し，国家主導的な繊維産業の充実を図ろうと農地運営から牧羊地運営へと転換するようハイランドの土地所有者たちに迫った．一見するとこれは近代的制度の導入としてスコットランドに恩恵を与えるものであるかのようにみえるし，そうした意義もなかったわけではないが，これまでのようにのんびりとした土地運営では地税を賄えない地主や族長たちはより効率的な土地運営のため，やむなく土地を統合しながら大規模な牧羊場をそこにつくる一方，従来の土地で生計を立てていた小作農たちに別の場所に移るよう圧力をかけた．結果として多くの住民がホームレスとなった．なかには家を燃やされたり，暴力を受けるなどの被害にあった住民もいた．これがいわゆる「ハイランド・クリアランス Highland Clearance」というものである．

注

1）初期の国民盟約には，イングランド国教会に対するものだけでなく，ローマ・カトリックに対しても抵抗しつつ，旧約聖書におけるかつてのユダヤの民のように，スコットランドのキリスト教（カルヴァン派長老主義）を守りぬくことで国民レベルでの神の救済を求める，という動きもあった．

2）イングランドの（オレンジ公）ウィリアム国王軍と対決したものや，1707年の合同法以降，グレートブリテン体制を築いたアン女王，そしてハノーヴァー朝のジョージ1世，ジョージ2世への反乱など，さまざまなものがある．

3）彼自身はイングランド人であったが，人生後半はスコットランドで暮らしたとされる．

4）とはいえ，このマー伯は名誉革命体制以降のアン女王のもとで主要な役職にもついており（大臣となってもいる），単にスコットランドの愛国者としてジャコバイトの乱に参加したというよりは，当時の政治的冷遇と政治的駆け引きゆえのジャコバイト参加という見方もできる．

5）メイドメントが収集したものは1715年頃の大判印刷物であり，それは以下のものである．

"Broadside ballad entitled 'A Dialogue between his Grace the Duke of Argyle and the Earl of Mar'"
出典）スコットランド国立図書館所収（RB.I.106（073））.

第21章

スコティッシュアイデンティティ

反骨精神と独立心

ハイランドクリアランスを機に新天地アメリカへ移住しようとする農民もたくさんいた．しかし，無事アメリカに移り住むことができればまだマシな方で，行き場をなくした農民は騙されて人身売買にかけられ奴隷になることさえあった．もちろん，実際にそうしたクリアランスを実行したのはスコットランドの族長・地主ではあるのでイングランドだけを悪者とするわけにもいかないし，18世紀のイングランド型産業社会化がスコットランド（とりわけハイランド）を飲み込んだにすぎない，という解釈もできる．しかし，当時のイングランド主導のもとで，民族衣装（キルト）やバグパイプの禁止，すなわちハイランド文化に対する抑圧的な政策などもろもろのことを踏まえると，これらの歴史的経緯は総じて「スコットランドの受難」と認識され，その苦難のなかでスコットランドのアイデンティティが形作られ，「スコットランドはイングランドとは違うんだ」という反骨精神・独立心が醸成された．彼らはイギリス人（British）以前にスコットランド人（Scottish）であり，「スコッチウイスキー」はイギリスの酒ではなくスコットランドの酒として彼らの誇りとなったのである．かのロバート・バーンズがそこにスコットランドの質実剛健な精神をみてとったのも分からなくはない．

だからこそ，現代となっても，普段は目につきにくいギャップが両者の間には横たわっていて，きっかけがあればそれは顕在化する．たとえば，2014年に行われたスコットランド独立をかけたスコットランド住民投票について，スコットランドの歴史的経緯を知らない人からすれば，「なんでそんな住民投票

したの？」と驚いたことだろう．その背景には，これまでずっと続いてきたイングランド中心の中央集権体制に対するスコットランド側からの反発があった．もちろん，イギリス中央政府もスコットランドへの配慮として，ブレア内閣主導のもと1999年にはスコットランド議会が設置され，地方自治的権限がスコットランド自治政府に移譲されたこともあった．しかしそれはあくまで地方自治であって，中央政府に従わざるをえないという構造はそのままであった．その後，2011年のスコットランド議会選挙でかねてよりスコットランド独立を掲げていたスコットランド国民党（SNP）が過半数を占め，その党首が自治政府の首相となり，UKのキャメロン首相との合意のもとで住民投票を行った，というわけである．こうしたスコットランド側の発言力・政治力の増大は，スコットランド国民党がイギリス中央議会の庶民院（下院）における第三党として勢力を拡大してきたこともある（本書執筆時点ではいまだに第三党）．この2014年の住民投票において独立賛同が過半数を超えていればスコットランドは独立していたのだが，スコットランド全体では反対が55％となり独立は否決された[2]．

　これに対してはさまざまな評価ができるが，私の印象としてはこうである．理想としてはスコットランド独立，もしくはそれを感じさせるようなイングランドとの対等的関係の確立を多くのスコットランド人は望んでいるが（それはスコットランド国民党がスコットランド議会における第一党となっていることからも分かる），経済面や政治的安定などを踏まえると，総合的には現状維持路線を選ぶことになったようにもみえる．実際，歴史的経緯をみても，スコットランドは単なる被害者というだけでなく合併されることによる利益を得て発展も遂げている．つまり，スコットランド人の文化的アイデンティティを理解するには，「反骨精神」という気風と，合理的譲歩を行いつつ生き残りを図るといった「したたかさ」，この両面を捉える必要があるだろう[3]．

　しかし，今後スコットランドとイングランドとの関係がどうなるかはいまだ不明瞭である．2016年6月，イギリスは欧州連合離脱——いわゆるブレグジット（Brexit）——の是非を問う国民投票を行ったが，離脱が過半数を超える結果となった．その際，スコットランドでは残留を望む声も多かったにもかかわらず，である[4]．そして2020年1月末に期限を迎え，2021年現在イギリスはEUを離脱している．今後イギリスがどうなってゆくのかは不明であるが，スコッ

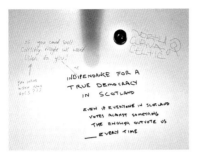

スターリングのとあるカフェにある個室トイレのドアの落書きのやりとり（EU離脱を問う国民投票後の，2016年9月に撮影）

真ん中下：「スコットランドのみんなが何かについて投票で反対するのは──それに関してイングランド（の意向）がいつも投票によって勝つのだとしても──，スコットランドにおける真のデモクラシーゆえの独立というものなんだ」

　※（誤）indipandance ←（正）independence

左　　上：「もし君が正しくスペルを綴ることができれば，私たちは君の声に耳を傾けるだろうね」

左真ん中：「君は目で人の話を聞くのかい？」

トランドの多数派の意向が「イギリス」という国全体としては反映されないまま，スコットランドの命運が決まってしまうことに対する不安・不満も少なくない．今後の展開次第では，再度イギリスからの独立をスコットランドは検討することもあるだろう．

注

1）Herman［2001：邦訳 312］．

2）「ダンディー」「グラスゴー」「ノースラナークシャー」「ウエストダンバートンシャー」以外は，いずれも過半数で独立にNoを唱えている．地区ごとの選挙結果についてはBBCのサイトを参照（https://www.bbc.co.uk/news/events/scotland-decides/results, September 19th 2014，2021年7月7日閲覧）．

3）ただし，イングランドの強権ぶりが図らずもスコットランドを団結させたという面もある．王権神授説を説いたイングランド王ジェイムズ1世（スコットランド王ジェイムズ6世）はスコットランドから距離を置いた強権的なイングランド王としてときに批判されることもあるが，それ以前のスコットランド王はスコットランド貴族の派閥争いに利用されるなどもあり，それはスコットランド国内の政治的混乱の一因ともなっていた（スコットランド王ジェイムズ6世の母である悲運の女王メアリ・スチュアートもその一人といえる）．イングランド側に立って強権を振るったことにより，結果的にジェイムズ1世（ジェイムズ6世）はスコットランドの政治的混乱を収めてみせたという見方もある［Smout c1969：邦訳 第4章］．なお，ジェイムズ6世はユニオンフラッグの制定者でもある．

4）EU離脱の是非に関する国民投票の結果についてはBBCの以下のサイトを参照（https://www.bbc.com/news/politics/eu_referendum/results，2021年7月7日閲覧）．

第22章

苦難のアイルランド

イングランドによる支配

　前にも述べたように，ウイスキー発祥のケルト文化圏とは，スコットランドだけでなく，アイルランドもそのエリアに含むものである．しかし，アイルランドとスコットランドとは政治的にはまったく別モノといってよい運命をたどった国であり，前者と比較すると後者の歴史は苦難の連続であった．そしてさまざまな苦難は政治社会だけでなく，アイリッシュウイスキーそのものも被っている．

　元々は，スコットランド王国それ自体が，アイルランド系ケルト人とスコットランド系ケルト人との合同王国のようなものであった．5世紀にアイルランド北東部よりブリテン島北西部に移り住みはじめたアイルランド系ケルトのスコット族のダルリアダ王国が，その後，スコットランド地方のピクト人王国を組み込む形で統一王国ができあがった．それを成したのが「ケネス1世」（ケネス・マカルピンCináed mac Ailpín，810〜858）であり，スコットランド王国の元型「アルバ王国」の祖ともいわれている．ケネス1世はダルリアダ王国King Alpin Ⅱの息子であったのでアイルランド系王国の支配体制であるようにもみえるが，ケルト系スコットランド人（そこにはそれ以前のスコットランド先住民であるピクト人も含まれる）やその王たちからの信託を受ける形で「ピクト人の王」となったわけで，アイルランド国家がスコットランドを征服したというわけでもない．

　この背景には，ヴァイキングの襲来に備えるため，ケルト系部族同士が覇権を争いつつも一致団結する必要があった，ということもあるのだろう．アルバ

王国はその後スコットランド王国となり，そこからイングランドとの対立と譲歩の歴史を歩みつつ，前述のジェイムズ 1 世による同君連合，アン女王のもとでのグレートブリテンへの合併，といったイングランドとの運命共同体ともいえる道に至った．

　ではアイルランド島ではどうだったかといえば，そこもまたさまざまな王同士が争う群雄割拠の状態であったが，統一アルバ王国の成立より少し遅れた西暦1014年，アイルランド上王（High King）ブライアン・ボル（Brian Boru）がクロンターフで，当時のダブリン王やそのあと押しをしていたヴァイキングを破ったことでアイルランド島を本格的に統治する体制に入った（ちなみに，現在「クロンターフ1014」というアイリッシュウイスキーが販売されている）．しかしすぐに，その後のノルマン人の侵入などもあって混乱し，再度大小さまざまな諸王国の分割統治となった．そんななか，アイルランド島での勢力争いから自身の王国を奪われたレンスター王ダーモット・マクマローはノルマン人の協力を仰ぎそれを奪還，ダブリンとウォーターフォードを占拠した．そのままその支配体制を強固なものとするためにレンスター王ダーモットは，奪還に貢献したノルマン人貴族リチャード・フィッツギルバート・ド・クレア（別名「ストロングボウ（強弓）」）を養子として後継者とした．しかしそれは，ストロングボウの権勢拡大を懸念したイングランド王ヘンリー 2 世によるアイルランド侵攻を誘発し，ストロングボウの死後，イングランドは1171年にアイルランドを支配下に収めた．その後，ヘンリー 2 世は息子ジョン（後のイングランド王）に支配権を譲り，ジョンの兄リチャードが死亡して正式にジョンがイングランド国王となると，アイルランドはイングランド王国の一部となってしまう．スコットランドと比較すると，アイルランドの自治はかなり早い段階でイングランドによって奪われたといってよいだろう．さらにアイルランドが悲惨な目に遭うのは，ヘンリー 8 世による宗教改革以降である．

カトリック国ゆえの苦難

　イングランド王ヘンリー 8 世は自身の兄の元妻キャサリン・オブ・アラゴンと結婚したが男児に恵まれず（後の女王メアリ 1 世は生まれたのだが），ヘンリーは

離婚しようとしたがローマ・カトリック教会がそれを許さなかったため，1534年には国王至上法（首長令）を発布し，自らをイングランドの教会の長とするとともに，カトリック教会から離脱した．これ以降，イングランドは「英国国教会」となり，反カトリック的政策をとることになる．

　スコットランドの場合，イングランドとの政治的・宗教的対立はあったものの，反カトリックという点では一致しており，ゆえに共存可能ではあった（スコットランドは長老制，イングランドは監督制という違いはあったが）．それに対し，アイルランドはカトリックの国であり続けていたので，反ローマ・カトリックを標榜するイングランドからすると目障りな隣人であった．

　実は，ブリテン島におけるキリスト教化はアイルランドがいち早く始めたものであった．ブリテン島のキリスト教の歴史は4世紀後半から5世紀にかけて聖パトリックがアイルランドで布教をはじめた頃から始まったが，その後も聖コロンバ，聖エイデンなどの聖人がアイルランドのみならずスコットランド，さらにはイングランド北部にまで布教した．その後，ゲルマン系のアングロ＝サクソン七王国がカトリックを受容し，ノーザンブリア王オスウィが開いたウィットビー教会会議によって，ケルト系キリスト教はローマ・カトリック化されてゆき，イギリス一帯がカトリックの地域となった．つまり，中世のブリテン島はローマ・カトリックの影響下にあったのである．

　前述のヘンリー2世によるアイルランド侵攻を許可したハドリアヌス4世もイングランド出身のローマ・カトリック教皇であり，イングランドによる帝国主義的政策は，ローマ・カトリックの名のもとに正当性を与えられていた．逆にいうと，ローマ・カトリックではなくなったイングランドには，アイルランドを支配する権利などはない，ということになる．そして，英国国教会成立後もアイルランドはカトリック的伝統を保持しており，ローマ・カトリック教会に忠誠を誓う人が多かった．ということは，イングランドにとっては敵対するローマ・カトリックの尖兵がすぐ傍にいることを意味する．それは獅子身中の虫ともいうべきものであり，さらにはイングランドからの政治的独立を図るような動きをたびたびアイルランドがみせていたことも疑心暗鬼に拍車をかけた．

信用されないアイルランド

　そのような緊張状態の中，1641年，北アイルランドのアルスターで起こった
反乱によってイングランド人入植者（イングランド国教会徒）が虐殺されたこと
もあり，イングランド国内においてアイルランドへの不信感が高まっていたが，
それがピークに達したのが，清教徒革命前後の「アイルランド・カトリック同
盟 Confederate Ireland」の成立であった．同盟は一時はアイルランドを占領し，
チャールズ 1 世存命中に自治を勝ち取ろうともしたが，その前に清教徒革命に
よってチャールズ 1 世が処刑されてしまった．

　その後は悲惨なことになる．清教徒革命によって護国卿になったクロムウェ
ルにおいてはそもそも交渉の余地はなかった．クロムウェルによるアイルラン
ド侵攻のもと，アイルランドは徹底的に破壊され多くの人が虐殺され，土地は
奪われた．その動機は，イングランド国内の反アイルランド感情に配慮したよ
うにもみえるが，実際には，当時莫大な負債を抱えていたイングランドの資産
を増やすための侵略という意義もあった．クロムウェル死後もその支配体制は
続き，アイルランドのカトリック教徒への差別と抑圧はそのままであった．カ
トリック教徒に対するこうしたイングランドの抑圧に我慢できないアイルラン
ドは，名誉革命時に追放された（カトリックに親和的な）ジェイムズ 2 世を復位
させようとウィリアマイト戦争（1689〜1691）に突入するも，名誉革命後に王座
についたウィリアム 3 世（オレンジ公ウィリアム）率いるブリテン軍に敗北し，
その後さらに弾圧は厳しくなった．

　こうなってくると，卵が先か，ニワトリが先か，であるが，やっかいなのは，
ここには国外の反イングランド勢力の影がちらついていたということである．
ジェイムズ 2 世は清教徒革命で処刑されたチャールズ 1 世の息子であり，クロ
ムウェルの死後に王政復古を果たした兄のチャールズ 2 世とともに，清教徒革
命後しばらくはカトリック国であるフランスに亡命していた．その影響もあっ
てか——あるいは反カトリック色がかなり強い（そして英国国教会のさらなる改革
を訴える急進的なピューリタンが主体となった）清教徒革命によって父を失ったせい
か——カトリックに親和的であったし，フランスとの結びつきも強かった．名

誉革命後の亡命先もフランスであったし，ウィリアマイト戦争時にはフランス軍もそのあと押しをしていたこともあり，ジェイムズ2世の復権を画策したアイルランドに対するイングランドの警戒心はより強まった．その結果，アイルランドにおいてカトリックは公職から追放され，土地はイングランドからの入植者（国教会徒）によってそのほとんどが占有され，アイルランド人の多くが貧しい小作農としてこき使われることとなる．

今なお残るしこり

かつてのアイルランド人は，イングランドによる征服後に――とりわけ連合王国に組み込まれて以降は――ゲール語を話すことは禁じられ，英語教育が奨励された．これは，イングランドへの反乱を企てる恐れがあるために地元民同士でのゲール語使用を禁じたとみることもできるが，大英帝国の一員としての帰属意識を高め，そして，反乱予備軍であったアイルランド人のアイデンティティを解体しようという狙いもあったのだろう．もちろん，これによってアイルランドとイングランドの間の商売も活発になるし，アイルランド人がイングランドに渡って働くこともできるので，アイルランド人はいくぶんかはその恩恵を享受したかもしれないが，やはりそこには文化的剥奪ともいうべき屈辱感があった．

また，カトリック教徒が多かったアイルランドにおいて，カトリック教徒はプロテスタント教徒（そのほとんどがイングランド人やスコットランド人）から土地を購入することはできず，同じカトリック教徒からでも購入できる土地に制限がつけられていた．

さらには，1699年，アイルランドはイングランド以外の国への輸出を禁じられ，しかも，イングランドへ輸出する際に高い関税がかけられるなど，貿易上の不利益も被っていた．そうした状況では産業育成も阻まれ，多くの庶民が，土地なしの小作農か，資本家に低賃金で雇われる労働者として貧しい暮らしを構造上強いられることとなる．

1801年には「グレートブリテン及びアイルランド連合王国」が成立したが，それでもアイルランド国民にとっては苦難が続き，イングランドが満足ゆく救

済をしてくれることはなかったので（1800年代半ばのジャガイモ飢饉など）溜まった不満が爆発する形で，1916年イースター蜂起，1918年アイルランド独立戦争が生じた．1921年英愛条約，そして1922年には北アイルランド6州を除く26州がアイルランド自由国（現在のアイルランド共和国）として独立を果たした．第二次世界大戦後も北アイルランド6州の帰属をめぐりカトリック系の武装組織アイルランド共和国軍（IRA）がテロ活動を起こしていたが，[3]1998年には国民投票により，アイルランドは北アイルランド6州の領有権を放棄し，形式上はカタがついているようにもみえる．ただし，UKのEU離脱によって，EU残留を望む北アイルランドの住民たちがUKからの独立（アイルランド共和国への帰属）を望む場合，再度抗争が勃発する懸念も残っている．

注

1）スコットランドで主流派である長老派教会は，プロテスタンティズムであるカルヴァン主義に影響を受けたジョン・ノックスの宗教改革の流れを汲むため，分類上は反カトリックである．

2）とはいえ清教徒も一枚岩ではなかった．市民革命時，内戦状態のイングランドにおいては議会派を構成したピューリタンではあるが，王党派との和平を模索する貴族によって支持されていた（カルヴァン主義の流れを汲む）長老派に対し，市民すべての平等な権利保障と同意原則を提唱する左派的な水平派（レベラーズ），そして，英国国教会の絶対性は否定しつつもさまざまな利害調整のもとで中庸的な宗教改革を提唱する——クロムウェルを擁する——独立派（インディペンデント）がそれぞれ対立するなど，さまざまな派閥争いがそこにはあった．

3）しかし，カトリック側だけが暴力的行為に及んでいたわけでなく，それに対抗しようとするプロテスタント側もまた暴力に訴えるケースもあった．実際，カトリック系のIRAとプロテスタント系のアルスター防衛同盟（UDA）との抗争も激化の一途をたどっていた．

第23章

アイリッシュウイスキーの勃興と没落，そして復活

抑圧されるアイリッシュ

アイルランドの歴史をざっとみるとすぐに予想はつくかもしれないが，アイルランドもやはりイングランドから課される重税によって苦しめられていた．もちろんこれはスコットランドも同じであったのだが，とりわけアイルランドはイングランドに対する反乱が懸念されていたため，反乱のための費用を蓄えさせぬためにも税をしぼりとり，それがイングランド軍維持の費用や戦費に充てられていた節もある（もちろんそんなことをするから余計反乱がおきやすくなり，だからこそその政策を続け，抑圧を強化するといった悪循環がそこにあるのだが）．同君連合であったスコットランドとは事情が異なり，イングランドがアイルランドに対して行う政策は，スコットランドに対するそれ以上にアイルランド人たちを苦しめた．

アイリッシュウイスキーに関する諸政策は，厳しい規制・管理を伴うものであり，しかも，それは総じて，イングランド側の（とりわけ商人の）利益になるような構造をとっていた．アイルランドにライセンス制が導入され，アクアヴィテの生産と輸出が規制されたのは1558年（Exportion Act）である．蒸留酒の規制には，アルコール依存症患者を減らし，穀物不足の際にアイルランドが飢饉に陥ることを予防する意義があったかのようにみえるが，しかし，別の思惑もそこにはみえる．それは，1586年の'the Statute 28 Eliz'によって，ワインが当時のアクアヴィテの値段を超えないよう価格統制をしていることからみえてくる[1)]．その価格統制はワインの価格を安めに──そしてアクアヴィテの価格を相対的に高めに──置くことで，アイルランドにおけるワイン消費量の増加

——そしてアイルランドへのワイン輸入量の増大——という効果を狙ったものと見受けられる．この文脈でいえば，先のアイリッシュアクアヴィテのライセンス制は，アイルランドからイングランドに輸出されるアクアヴィテの量を抑制する政策となりうるわけで（みんなが自由奔放にアクアヴィテを売り続けることはワインの消費量の増大に繋がらないので），こうした一連の法政策には，アイルランドでワインなどの商品をたくさん売りさばきたいイングランド商人の思惑，そして植民地であるアイルランドとの間での貿易収支を黒字にしたいイングランド側の思惑をみることができる．

アイルランドの雑草魂

アイルランドはイングランドにとって収奪先の植民地にすぎなかった．しかし，イングランドの儲けにならない（あるいは商売の邪魔になる）そこでのアクアヴィテ（ウスキボー）は先細りするかと思いきや，あいも変わらず密造されつつ地元で愛され飲まれ続けているというのは，支配者側であるイングランドにとっては苦々しいことであっただろう．また，先進国イングランドからすれば大陸からのワインは多くの人が楽しめる——しかもキリスト教的意味合いをもつ——嗜好品であるのに対し，植民地のアイルランド人たちがそうした彼らケルトの地酒を飲み続けているという事実は，アイルランド人に対する差別意識を余計に強めたのかもしれない．前述の1753年のザ・ジェントルマンズマガジンでアイルランドの飲酒問題に言及している記事に「あのいまわしいスピリット，ウイスキー」と書かれているのも，そうしたイングランド目線を反映しているような気がする．

とはいえ，アイルランドのウシュケバー（ウスキボー）がイングランドのアクアヴィテよりも美味しかったという評判もあるように，アイルランドの地酒のよさは，分かる人には分かる，というものだった．そこで，国家管理体制下のアクアヴィテとしてライセンスを与えられたものはブランド的なアイリッシュウイスキーとなって好評を博すようになった．アイルランドのブッシュミルズ蒸留所（Bushmills Distillery）は1608年にジェイムズ1世（James I）からライセンスを受けた，現存する最古の国家公認ウイスキー蒸留所と言われているが，こ

のように，一部のアイリッシュウイスキーについては製造を積極的に認められたり奨励されたりもした．質の良いアイリッシュスキーであれば高評価されていたこともまた一つの事実である．

密造酒時代から公式認可へ

　とはいえ，やはり食糧事情が不安定であったり，アルコール依存症が増えることが危惧された18世紀，規制の波はアイリッシュウイスキー全体にも押し寄せた．1759年には，「モルト」「グレーン」「じゃがいも」「砂糖」以外の材料が入っているアイリッシュウイスキーの蒸留を禁止したり，1779年にはスチルの大きさによって予想される生産量あたりの税金を支払うような法律が制定された（まったくウイスキーを生産していなくとも税金はとられるのである！）．その結果，かつて1228あった登録蒸留所は1821年には32にまで数を減らした．つまり，みんな地下にもぐって非合法の――材料がいろいろ混ぜ合わされた――密造酒を作るようになった．これが**ポチーン**（Poitín）である（ゲール語で「小さなポット」の意）．イングランドから監視と徴収のための収税吏もやってくるが，それはアイルランド人たちと衝突してイングランド兵が駆り出されるか，そうでないならば密造酒を見逃すかわりに酒税吏が賄賂をもらうかのいずれかであった．

ブッシュミルズ（ボトルのラベルに「1608年」と書いてある）

現在販売されているポチーン（合法のもの）

　1823年，スコットランドに対するものと同じ法律——税の軽減，生産したウイスキーのみへの課税——が業者登録と法律遵守のインセンティヴを与え，再びアイリッシュウイスキー業界が活気づいた．小さなポットスティルでポチーンをつくるよりも，規模の経済（生産量の増大に伴い，原材料や労働力投入のコストが減少し，結果，収益率が向上すること）の点から大きなポットスティルで大量生産した方が利益につながるので，ミドルトンやジェイムソンといった名門蒸留所もこのときに設立された．アイルランドのパブ（アイリッシュパブ）でもウイスキーが流行り，そしてそれはアイルランド系移民の多い，アメリカやオーストラリア²⁾へ輸出され，アイリッシュウイスキーは一躍ウイスキー業界の中心へと躍り出た．

没落するアイリッシュ

　しかし，アイリッシュウイスキーは20世紀初頭から没落してゆく．連続式蒸留器を積極的に導入・活用し，グレーンウイスキーのみならず戦時中の工業用アルコールの生産まで手掛けていたスコッチ業界に対し，アイルランドの多くの蒸留所は古風なブランドとしてのアイリッシュを保つため，グレーンウイスキーに傾くことなく，それゆえ知名度の点でスコットランドに遅れをとってゆく．ここにはおそらく，イングランドと協調的関係であったスコットランドでは近代化・産業化が進行しておりイングランドの資本家が入りやすく連続式蒸留器が導入されやすかったのに対し，農業中心の産業構造だったアイルランドではなかなかそれが難しかったという社会情勢があるだろう．ほかにも，伝統を保持しつつも利益のためであれば多少の妥協ができるスコットランド人と，伝統的アイデンティティに固執しながらイングランド的近代化に対し，どこかで抵抗感を捨てきれなかったアイルランド人という気風の違いもそこにあったのかもしれない．ただ，物流と人的交流が盛んになりはじめた近代資本主義の時代では，伝統に固執している限りでは淘汰されてしまう．

　実は，スコットランドとイングランドからの入植者が多い北アイルランドでも連続式蒸留器が使用され，そこで作られたグレーンウイスキーがスコットランドのモルトウイスキーとブレンドされるということもあった．³⁾ブレンデッド

ウイスキーのためにグレーンウイスキーを作る業者は生き残れるが，他方，昔ながらのモルトウイスキーにこだわっていたアイルランドの蒸留所は次々と淘汰されていった．

復活するアイリッシュ

　このように，19世紀後半から20世紀前半においてはライバルの後塵を拝していたアイリッシュウイスキーであったが，20世紀中頃からようやく挽回しはじめる．国の特産品としてアイルランド政府はアイリッシュウイスキーを法的に定義しはじめたのだ．1950年，およびそれを修正した1980年のレギュレーションによって，「アイリッシュウイスキー」は基本的にはスコッチと同様の製造工程をアイルランド国内ですませたものであり，グレーンが混ぜられていようが，グレーンであろうがアイルランドという地理的条件さえクリアしていればそれはアイリッシュウイスキーとして販売されてよいことになった．ただし，いくつかのアイリッシュウイスキーでときおり用いられる独自の製法として，モルトと未発芽の大麦（それぞれが全体の30％以上），それに場合によっては他の穀物（オーツ麦，ライ麦，小麦など）からつくられる「シングルポットスティルウイスキー」というものがある（「レッドブレスト」や「グリーンスポット」など）．

いまや，アイリッシュウイスキーのバリエーションも多岐にわたる
（左から七番目，ラベルに●がついているのが「グリーンスポット」）

3回蒸留の理由

1800年代，アイルランドの蒸留業者の間で流行ったのは，発芽した大麦のモルトだけでなく，そこに未発芽の大麦そのものを配合して煮沸させてウォートをつくり，その後酵母を加えてアルコール発酵させ，できあがったウォッシュをポットスティルで蒸留するというウイスキーであった．これはモルトにかけられた税から逃れるためのものであったが（モルト化されていない大麦が多いほど税金を払う必要がなくなる），モルト以前の未発芽大麦をまぜた分だけ糖分過少となり，そのためにアルコール度数が低めになるので，それを補うために蒸留を3回行うことが定着し，それがアイリッシュウイスキーのスタンダードスタイルとなった（スコッチは通常2回の蒸留である）．3回蒸留はモルト以外の材料や蒸留回数に関しては法律で明記されているわけでなく，他のウイスキーとの差異をはっきりさせるためにその業界関係者たちが自発的に行っている（アイリッシュウイスキーのレギュレーションであるIRISH WHISKEY ACT, 1980でも特に蒸留回数には触れられていない）．しかし，スコッチ同様に，アイリッシュもまた熟成期間は3年以上でなければアイリッシュウイスキーとして販売できないことになっている．

このように，スコッチはアイリッシュを，アイリッシュはスコッチを意識し，差別化を図ることで互いに生き残ってきたが，これは或る意味では競争的共存ともいえる．「競争しながら共存する」というのは一見すると形容矛盾のように聞こえるが，しかしそれは複雑化したマーケットのなかで或る産業・業界が盛り上がるためには必要不可欠なことでもある．とりわけ，ウイスキーのような嗜好品については，消費者は単に商品から快楽を得たいというだけでなく，その商品を「選好」（好きなものとして選ぶということ）することで他人と自分との違いを示そうとしたり，自身のアイデンティティをそれによって確認しようとしているのである．野球ファンが或る球団を応援しながら盛り上がれるのは，さまざまな野球ファンがいるなかで「俺はジャイアンツだ」「いや，タイガースが一番だね」といった自分らしさを意識し，その当該チームやファン同士でプライドとアイデンティティを共有できるからである．もし一球団しかなけれ

ば，いくら野球好きな人が多くとも，ベースボール界においてファンは定着しないだろう．同様に，「俺はスコッチ派だな」「いや，アイリッシュこそが素晴らしいね」と比較できるような状況こそがウイスキー産業が盛り上がるためには必要だった．そして，そこにはそれぞれのウイスキー業界や業者が競争しながらも，その競争が業界の多様化に寄与する形で共存的役割を果たしてきた，といえるのである．

Column

　アイリッシュウイスキーは，1920〜1933年の禁酒法によってアメリカという大市場から完全に締め出されてしまった．もちろんその被害はアイリッシュのみならず他の酒業者も軒並みダメージを受けて，結果的には密造酒の普及，さらにはギャングやマフィアを介した酒の密輸が蔓延るはめとなるのだが，その供給先のカナディアンウイスキー（シーグラムなど）がウイスキー界の一大勢力となったというのは皮肉な話である．

　しかし，禁酒法時代であってもアメリカで堂々と売って業績を伸ばしたウイスキーもある．それは，スコッチウイスキーの「ラフロイグ」である．ラフロイグ蒸留所のオーナー経営者イアン・ハンター（Ian Hunter）は，ヨード臭のするラフロイグを「医療的効果がある薬用酒」として当時のアメリカへの輸出を認めさせた．[4] これは，モルト作りにおいてピートを積極的に使用するスコッチ──そのなかでもとりわけその傾向が強いアイラモルト──ということが功を奏したともいえる．

注
1）この説明は，B, G.［1858：287］を参照．
2）オーストラリアはイギリスの入植地であると同時に，労働力のために駆り出される囚人が送られる「流刑の地」であったが，日本人がイメージする流刑地とはかなり意味合いが異なるものである．凶悪犯もいたであろうが，貧困のために食料をかすめとった一般市民や，イングランドの統治に反抗的であった政治犯がほとんどであったと言われている（なかでもアイルランド人は政治犯として流刑のターゲットとなりやすかった）．
3）かなりあからさまな場合には事件となったものある．たとえば，1938年には，スコッチのモルトウイスキーに，北アイルランド産のグレーンウイスキーをブレンドした商品

を「スコッチ」として発売したことが法令違反に問われた．ただし，嫌疑は酒税法では
なく商品表示法（Merchandise Marks Act）に基づくものであった（判決結果は，「消
費者が要求するスコッチウイスキーではないものをスコッチウイスキーとして販売し
た」として有罪となった）．気を付けるべきは，配合の比率等が問題ではなく地理的表
示こそが問題，ということである．

4）消毒薬として使用されるヨウ素（ヨード）のアルコール溶液は「ヨードチンキ」と呼
ばれる．ラフロイグにはもちろん使用されてはいないのだが，海に面した蒸留所で，潮
や潮風の影響をうけたピート（泥炭）の香りをふんだんにつけるその製法によって，ヨー
ド臭をともなう個性豊かなウイスキーとなっている．

第**24**章

アメリカンウイスキーとスコッチ

　それでは，アメリカのウイスキーはどうだったのであろうか？　英国国教会によるカトリックの弾圧，それにイングランド内戦時の清教徒，さらにはクェーカー教徒やアイルランドのカトリック教徒，それにハイランド・クリアランスで土地を追われた人たちなど，さまざまな人たちがイギリスからアメリカ大陸に渡り，新天地での新生活に期待を寄せた．おそらくはその際，蒸留技術がもちこまれ，アメリカでもウイスキーが生産されるようになっていったが，その後は植民地戦争などで勝利したイギリスの植民地となり，イングランドやスコットランドの資本家たちもそこに参入し，大規模な生産体制が整えられてゆく．

　つまり，アメリカンウイスキーは，イギリスからやってきたそうした人たちのウイスキー製造技術をその源流としているのである．

ラムからウイスキーへ

　とはいえ，アメリカでは18世紀まではまだラム酒が主流であった．ラム酒については悪しき三角貿易が有名であるが，それは次のようなものであった．まず，①サトウキビプランテーションの経営者は，奴隷商から奴隷を購入して砂糖を栽培・精製しつつ，その副産物としてできた糖蜜（ラム酒の原料）を商人へ売りさばき，次に，②糖蜜を購入した商人はアメリカ本土の蒸留所へそれを運び売りさばき，そこでラム酒が作られ，そして，③アメリカで製造されたそのラム酒を購入した奴隷商人は，そのラム酒と引き換えにアフリカで奴隷を購入し（または，そのラム酒を販売したお金で奴隷を購入するなどして），その奴隷を①のプランテーションの経営者に売りさばく，というサイクルである．

　奴隷貿易の非人道性が指摘されてそれが廃止されてゆくようになると，それにともないラム酒の供給量も減ってゆくことになるが，それには19世紀をまたなければならなかった[1]．ただし，ラム酒からアメリカンウイスキーへの転換という事態が起こる背景は他にもあり，アメリカ植民地と本国イギリスとの確執というものがそこにあった．

　イギリス本国は自国の権益の保護のため，'The Molasses Act 1733' という法律を制定し，イギリスに帰属していない西インド諸島サトウキビプランテーションからアメリカ植民地に輸入される糖蜜に関税（1ガロンにつき6ペンス）をかけた．これは，自国植民地（西インド諸島）の糖蜜のみを購入させることで経済戦争を有利に運ぶ措置であったが，それだけでは当然，高まった需要に応えることができないため，植民地側の商人およびラム製造業者は密輸に頼ることになる．その後にそれが改正された 'The Sugar Act 1764' では，関税は半額になったものの，監視・処罰も厳しくなり，一方的にかけられたそうした関税に対する植民地側の不平・不満はその後のアメリカ独立戦争（1775〜1783）へと繋がってゆく．

　アメリカ独立後もイギリスとの関係はすぐさま良好とはならず，米英戦争（1812〜1815）などもあり，18世紀後半〜19世紀初頭にかけ，アメリカ植民地における反英感情はかなりのものであった．そこで起きたのが「ラム」への反発である．イギリス海軍にラム酒が支給されていたのは周知の事実であり，ラム酒は帝国主義であるイギリス（主にイングランド）の象徴でもあったが，「ラムを飲むくらいならば……」ということでアメリカ人はウイスキーを愛飲するようになった．

コーヒーも反イギリス？

　アメリカでのウイスキー隆盛の背景には，英国国教会から迫害されたスコットランド系もしくはアイルランド系の移民がアメリカ植民地に渡っていたこともあるが，そもそもアメリカという国の文化には，今述べてきたようにヨーロッパの列強，とりわけイングランドに対するアンチテーゼな要素がいくつも織り込まれている．というのも，同様のことは，アメリカにおけるコーヒー文化の

普及にもみてとることができるからである.

　アメリカ植民地に対する課税に加え, 東インド会社の紅茶をアメリカ植民地でも売りさばくために独占的販売権を与えたイギリスに抵抗してボストン茶会事件が起きたのは有名な話であるが[2], 紅茶は敵国（イギリス）の象徴ということから, アメリカ植民地ではすでに中南米で栽培されていたコーヒーに鞍替えするムーブメントが起こり, それがコーヒー文化のきっかけとなった（南北戦争のときには, コーヒーは兵士への配給品ともなっている）. つまり, アメリカ文化はイギリスの影響をかなり受けているが, そのなかにはそれに反発する形で生じてきたものがあるわけで, アメリカンウイスキーもそうした象徴の一つということである[3]. スコッチもそうであるが, とかくウイスキーとは歴史的にみれば反抗・反骨心のスピリッツともいうべきものであり,「ロックな酒」といってよいだろう.

さらには反アメリカ政府？

　アメリカ独自のウイスキーである「バーボン」の成立には, スコッチ同様, 政府の規制が思わぬ影響を与えている. アメリカ建国の父であるジョージ・ワシントン（George Washington, 1732〜1799）はウイスキー愛好家ではあったものの（なんせ大統領引退後, マウントバーノンで蒸留所を設立したぐらいなので）, 大統領としての立場から, 国の負債を軽減するために1791年にウイスキー税を導入した. これは余った農作物（ライ麦やコーンなど）からウイスキーを個人的に作っていた小規模業者や農民に負担がのしかかるものであった. イギリスからの強権的な課税に反発して独立したそのアメリカが, 今度は独立を支援してくれていた市民に対し同様の課税をするというそのダブルスタンダード的態度に対し, 抗議運動がペンシルヴァニア州西部から始まり, モノンガヘラ川流域のパーキンソンズ・フェリー（現ウイスキー・ポイント）における1794年の暴動にまで高まった. ワシントンは連邦軍としてペンシルヴァニア州にて民兵隊を招集し, 暴動の首謀者たちを捕まえたり罰金を課したりした.

　その後, ペンシルヴァニアでは税金がかかるといって, ケンタッキー州やテネシー州などで蒸留業者たちが活動するようになった[4]. それらの地域ではトウ

モロコシの生産量が高く，石灰岩が濾過したキレイな水も湧き出ていたので，ウイスキー生産・販売にはうってつけだったのである．そして，後にそれらはアメリカンウイスキーの代表格である「バーボンBourbon Whiskey」の聖地となる．フランスの「ブルボン朝」に由来するこれはそもそも地名であり，イギリスから独立を果たすとき，そのイギリスの仇敵フランスのブルボン朝を英語読みした名前がケンタッキー州を構成する一つの郡の名前として採用され，ここを拠点としつつ広まったウイスキーがバーボンと呼ばれるようになった（バーボンの源流がケンタッキー州にあるのはおよそ疑いないが，しかし，バーボン郡で最初に作られていたからかどうかは不明である）．そして「バーボン」は単なる地名を超え，トウモロコシから作られるイカした新しいウイスキーを指し示すようになった．

　華やかで甘い花の香りがするバーボンであるが，これは偶然の産物であることを示す逸話がある．バーボン郡で活動していたエライジャ・クレイグ牧師（Elijah Craig, 1738〜1808）は蒸留所を運営していたが，ある日，内側が焦げた樽に蒸留したウイスキーが放置されていたことに気づいた．それを飲んでみると芳醇な甘いものになっていた，という偶然から，新樽の内側を焼いて，そこで蒸留液を熟成させるバーボンウイスキーができたと言われている．そして現在でも，やはりバーボンの特徴といえば，熟成のための新樽を内側からバーナーで焦がすといった，その独自の手法であろう．

アメリカを代表するバーボンウイスキー

　バーボンウイスキーのレギュレーションとしては，① 原材料におけるトウモロコシの含有量は51％以上であること，② 炭化皮膜処理された新品のオーク樽を熟成に用いること（熟成年数についての規定はないが，表示についての決まり事はある[5]），③ アルコール度数80％以下で蒸留されていること[6]，などがある[7]．

　しかし，アメリカンウイスキーはバーボンだけではない．主原料たるトウモロコシの比率が80％以上で，炭化被膜処理をしていないオーク樽，もしくは中古の樽（一般的にバーボン樽）を使用して熟成される「コーンウイスキー」と呼ばれるものもある．ただし，トウモロコシ80％以上のものを炭化被膜処理した

新品のオーク樽で熟成させる場合はバーボン扱いとなる．つまりは，「コーンウイスキー」と呼ばれるためには，（ⅰ）コーンを80％以上使用し，（ⅱ）炭化被膜処理をしていない新樽，もしくは（炭化処理してあるかどうかにかかわらず）中古樽を使う，という2条件が満たされる必要がある．他にもライ麦由来のライ・ウイスキーもある．

　それに，バーボンそのものも多岐にわたり，ライ麦・大麦が加えられている「ジム・ビーム Jim Beam」などのケンタッキーバーボンもある（これはどちらかといえばクラシックなアメリカンウイスキーといえるだろう）．他にも，独特なテネシーウイスキーもあるが，それは，テネシー州で作られ，蒸溜直後のニューポットをサトウカエデの木を原料に作った炭で濾過することが義務づけられている（これはチャコールメローイング製法と呼ばれる）．あの有名な，そして1866年，政府公認の第1号蒸留所でつくられるバーボン「ジャックダニエルズ Jack Daniel's」もそうやって製造されるテネシーウイスキーである．

バーボンこそがスコッチを支えている？

　面白いのは，バーボン業界はスコッチ業界にとって商売敵であると同時に，今やそれがなくてはスコッチ自体も成り立たない存在となっている，という点である．というのも，スコッチもアイリッシュも樽熟成が3年以上というレギュレーションがあるが，その多くがバーボン樽（ex-bourbon cask）を使用しているからだ．20世紀後半以降のマッカランは基本シェリー樽を用いるスタンスであるが，そんなマッカランですら昨今のシェリー樽不足もあり，「マッカラン・ファインオークシリーズ」などではバーボン樽原酒とシェリー樽原酒とがバッティング（混合）されている．私のお気に入りのダルモア12年は，バーボン樽で9年熟成されたあと，それをシェリー樽で3年熟成させるダブルマチュアード方式である．日本ではわりと濃厚なシェリー樽熟成のものが高級そうで好まれる傾向にあるように思われるが，しかし，バーボン樽ではオレンジやパイナップル，青リンゴのような華やかなアロマを原酒に与えてくれる重要なものである．

　基本的に，スコッチで使用されるバーボン樽はその中身が販売された空っぽ

の樽であるが，それをそのままアメリカからスコットランドへ輸送するとスペースがかさばるので，アメリカで 1 回解体し，木材のみをスコットランドに運び，スコッチの製樽工場で再度組み立てるやり方がとられている．一般的なバーボン樽は「バレル」（容量180～200ℓ）であるが，それを解体してスコットランドで組み立て直すときに側板の枚数を増やして容量がアップされたものは「ホグスヘッド」（容量220～250ℓ）と呼ばれる．ひと昔前のスコッチには，「ホグスヘッド使用」とだけ記載されているものが多く，どんな樽で熟成されたか書いていないもあったが，おそらくその多くがバーボン熟成樽だったと思われる．

　こうした点を踏まえるならば，スコッチ業界はバーボン業界あってのものともいえよう．もちろん，これはバーボン業界にとってもメリットがある共生関係であって，バーボンはその定義として新樽を使用しなければいけないのは前述のとおりであるが，これは，一度使用した樽は廃棄しなければならないことを意味する．しかし，廃棄にもコストがかかるので，そのコストをスコッチ蒸留業者が受け持つという図式が成り立っているわけである．素晴らしい共生関係といえるだろう．

注

1 ）アメリカで奴隷貿易が公的に廃止されたのは1808年であったが（イギリスはその前年の1807年），ただ，それ以降も奴隷制は続き，第16代大統領リンカーンによる奴隷解放宣言が出されたのは南北戦争中の1862年だった．

2 ）ボストン茶会事件は，1767年のタウンゼンド諸法での茶への課税，さらに，東インド会社が販売する茶の関税を撤廃（すなわち優遇措置）を決めた1773年の茶法への反発を背景に生じた．1773年12月16日の夜に，ボストン湾に停泊していた東インド会社の船を襲撃して積み荷である紅茶をボストン湾に投げ入れた（つまり，ボストン湾自体を大きなティー・ポットと見立てたお茶会のような事件である）．

3 ）英国はそもそもコーヒー文化が根付くのが早かったが後に紅茶文化へとシフトし，逆に，アメリカでは紅茶文化が早くに根付いていたがその後コーヒー文化へとシフトした．

4 ）このウイスキー税は1803 年に撤廃された．

5 ）直接火をあてるのをチャー（char），遠火でじっくりあぶるのをトースト（toast）と呼ぶ．一般的に，トーストの方が樽の木材の内側まで火が通り，樽材成分の溶出が大きいと言われている．

6 ）とはいえ，通常は 2 年以上熟成させるものが一般的であり，それらはストレートバー

ボンウイスキーと呼ばれている.

7) 1948年制定の連邦アルコール法では, アメリカンウイスキーは80%以下 (160プルーフ) 未満で蒸留することが定められているので, バーボンウイスキーを含め, あらゆるアメリカンウイスキーはこれ以下で蒸留されることになっている.

お わ り に

スコッチの保守性と革新性

これまでスコッチというものをいろんな角度から論じてきた．風土的な制限ゆえの「麦」の文化を背景に，近代になり連続式蒸留器の導入からグレーンウイスキーやブレンデッドがつくられるなどのモダンな変化を伴いつつも，そのいくつかは昔ながらのピート（泥炭）にこだわるなど，「スコッチ」という概念はその歴史的経緯が生み出した多様性をそのうちに秘めたものである．そうであるがゆえに，第1章で論じたように，「スコットランド」というグレートブリテンの一地方でありながら，地域別・蒸留所別にさまざまな個性をもつウイスキーづくりが行われている．

また，中世キリスト教社会においては忌避されていたアラビア由来の錬金術の影響を受けた「生命の水（アクアヴィテ）」として，当初は薬用に用いられたそれが嗜好品として広まるも厳しい規制を受け，ウシュケバーという俗称のもと身をひそめながら，後に表舞台に「ウイスキー」として返り咲いた，という話も，スコットランド人のしぶとさ・タフさを示しているようで興味深い．ロバート・バーンズが詩をもってスコッチウイスキーとハギスをスコットランド文化として世に知らしめることができたのは，彼が優れた詩人であったからというだけでなく，スコットランド人のそうした粘り強さとその積み重ねられてきた苦労の歴史があったからこそであろう．

そうした苦労の積み重ねのなか，いくらかは運も味方しているようにもみえる．樽熟成そのものは偶然的もしくは実験的であったことだろう．しかし，そこにこそ無色透明な単なるアクアヴィテが，琥珀色の芳醇なウイスキーになるプロセスがあったのだ．もちろん，時間もコストもかかる樽熟成がすぐに定着することもなかったが，20世紀初頭の禁酒法的な政策・規制によって，最低限の樽熟成が義務づけられ，それがはからずもスコッチの熟成された美味しさを実現するためのレギュレーションとして今なお残っている．

さらにいえば，スコッチのその魅力は，スコットランド人の粘り強さや頑固

さだけでなく，その柔軟さに裏打ちされている．もしスコットランド人が「ウ
イスキーはスコットランド人のものだから，自分たち以外はかかわらせない」
というのであれば，バーボン樽やシェリー樽で熟成しようとすることはなかっ
ただろう．それに，スコッチの原材料たるモルトは，基本的にはスコットラン
ド国内でつくられたものだが（アイラ島のポートエレンやハイランドのインヴァネス付
近など），イングランド（北東部バーウィックアポンツイード）のモルトを使用する
蒸留所もあり，主原料や熟成樽の由来にこだわっているわけでもない．もちろ
ん，なるべく味を変えないように，積み重ねてきた自分たちの歴史の延長線上
に位置することを意識しながらのスコッチづくりがなされてはいるが，しかし
そこに留まることなく，今現在という足場から新たなスコッチをつくろうとい
う営みをどの蒸留所も行っている（少し調べれば，それぞれのオフィシャルボトルの
バリエーションが増えたり，従来のものをアップデートしていることがわかるだろう）．

　こうしたスコッチの動向をみると，そこには「文化」というものの特性をみ
いだすことができる．「文化culture」とは，そこで暮らす人々の意識や振舞い
を規定するような，世代間継承された価値観・世界観の体系というものである．
しかしそれは，その価値観や世界観が固着したまま何世代も不変のままである
ということを意味するものではないし，異文化からの影響を排除するものでも
ない．

　たとえば，「日本文化」とは，日本固有の風土とそこでの社会的・政治的事
情によって形成されたものではあるが，しかし，朝鮮半島や中国からの影響，
さらには江戸時代や明治時代における欧米諸国からの影響によって変化を遂げ
てきた．日本固有の価値観とされる「もののあはれ」でさえ，それは日本的な
四季の移り変わりやそこで浮かび上がる寂しげな情感がその根幹にあるとして
も，その情感を感じる枠組みは，インド（中国）由来の仏教の「輪廻」や「諸
行無常」，あるいは中国由来の禅の考え方を組み込んでいたりもするだろう．
日本文化はその同一性を保持しつつも，しかし，異文化や他者と交わりつつアッ
プデートしてゆく可変性も併せ持つ．スコッチも同様であり，スコットランド
の酒としてのアイデンティティは保持しつつも，それに固執することなくス
コットランド以外の要素も取り入れることでその歴史を積み重ねてきた．同一
性と可変性，保守性と革新性，これら相反する性質をそのうちに内包する積み

重ねにこそ，人間の，そしてそれが集まった社会の文化的アイデンティティが
あるといえるだろう．個人であっても，同一人格でありながらも変化しつづけ
ることで「成長」「成熟」をはらんだアイデンティティをもつことができるわ
けで，それは社会においても同様である．

　このように，「スコッチ」とはスコットランドの単なる一商品としての酒で
はなく，スコットランドのこれまでの積み重ねを反映した，それ自体が文化を
体現しているような「スコットランドのスピリッツ（精神）」といえるのではな
いだろうか．このスピリッツに触れることで，琥珀色の向こう側に広がる景色
がみえるとすれば，それもまた「スコッチを味わう」ということでもあるだろ
う．

Column

●筆者のおすすめ厳選スコッチ

　日本のBarにおける定番といえば「マッカラン」「ボウモア」「ラフロイグ」
などであり，それらはもちろん素晴らしいが，そのほかにもさまざまな魅力的
なスコッチがある．あくまで筆者の個人的見解であるので，合う・合わないは
あるとは思うが，まだ飲んでいないという人は，どこかで機会があるならば口
にしてほしい．

・オーバン14年

　西スコットランド海外沿いの町
オーバン（Oban）で作られる，バー
ボン樽で14年以上熟成されたノン
ピートのモルトウイスキー．マッカ
ランのようなシェリーの濃厚な甘み
はないが，オレンジピールの苦み，
バナナやパイナップルのようなフ
ルーティーさが特徴．常温で少し舐
めたあと，水で軽く割ると，より甘
味が増してドライフルーツっぽい甘
味もでてくる．

　オーバンの町は港町で，海外から輸入してきたカカオを加工するチョコレート工場があり，そこで作られるチョコレートはスコットランドのみならずイギリス全土でも高い評価を受けている（残念ながら日本では手に入れることができない）．そのチョコレートと，このフルーティーなオーバン14年は実によく合うわけだが，もし日本でもこのやり方で楽しもうというのであれば，カカオ成分高めなビターチョコがよく合うだろう．

　・ダルモア12年

　　　　　　　　　ボトルに描かれている鹿のエンブレムが特徴的なダルモアシリーズのオーソドックスボトル．1263年，偉大なスコットランド王アレキサンダー3世が鹿に襲われたところを，ダルモア蒸留所の創業者が属していた氏族（クラン）マッケンジー家の祖先が救ったという逸話から，以降マッケンジー家では鹿の紋章を使うようになりそれがダルモア蒸留所のスコッチのエンブレムとなった．

　スペイサイドのグレンフィディックはアメリカ人に大人気であり，アベラワーはフランスで大人気であるが，このダルモアはオーストラリアで大人気ということである．しかし，ダルモアはさらにスコットランド国内の熟練した酒飲み紳士に根強い人気があり，一度ハマったらこれ以外は飲めなくなるという人も多い．その特徴は，スコッチのなかでも際立つ重厚感とスパイシーさであり，スコッチ界の重鎮のような威風堂々とした味わいにある．森の香りをどこか感じさせる，格式高いゴージャスなスコッチなので，落ち着いたBarで一人でゆっくり飲むときにはオススメである．

　・ジョニー・ウォーカー・ブルーラベル

　ブレンデッドスコッチの「ジョニー・ウォーカー」の最高級品．「一万樽に一樽の奇跡」と呼ばれるくらい希少な割合でつくられるもので，30年以上熟成された原酒もブレンドされているらしい．キーモルトはスペイサイドの「カードゥ」

やハイランドの「ロッホナガー」と言
われていたが，最近は「タリスカー」
や「カリラ」もキーモルトとして使用
されているという噂もある.

　甘さ・苦さ・力強さ・繊細さのバラ
ンスが絶妙であり，これを飲めば，自
然と「うまい……」とつぶやいてしま
うほどの逸品．一日の終わりにほんの
一口飲むだけでも，幸せな気持ちで眠
りにつける．他のスコッチが心を揺さ
ぶり波を起こすとすれば，これはどん

な心の状態も凪のように穏やかにしてしまう「有無を言わせないほどの力強い
優しさ」がある．もちろん，飲むときはとっておきのグラスを使うべきだろう.

・グレンモレンジ18年

　スコットランド中北部にあり，ドーノック湾沿いに建てられたグレーンモレ
ンジ蒸留所．スコットランドで一番背が高いポットスティル（5m以上あり，キ
リン並みの高さ）で蒸留されたその原液は，とても滑らかでクセがない．そして，
「樽の魔術師」「樽熟成のパイオニア」と呼ばれるように，さまざまな樽をその
ポテンシャルいっぱいに使いこなすことで，特徴的なシングルモルトシリーズ

をつくってきた名門蒸留所．なかでも，こ
の18年は，厳選された最高品質のモルトの
力強さに，バーボン樽由来の華やかな果実
味と，シェリー樽由来のバニラやナッツの
香りがバランスよく相まった逸品である．
口に含むと，最初に押し寄せるバタース
コッチのような重厚な甘さ，次にやってく
るやや苦みのあるマーマレードのような甘
さ，その後，かすかに鼻腔に残るオレンジ
やパイナップルのような南国を感じさせる
ほのかな甘さ，というように，その複雑で
豊かな味わいは飲む人の心を躍らせてくれ

ること間違いない．グレンモレンジシリーズはどれも美味しいし一定のファン
がいるが，私はそのなかでもこの18年を特におススメしたい．

●注目の蒸留所！ラーセィ蒸留所

スカイ島のそばにあるラーセィ島（Raasay）
の蒸留所が稼働したのが2017年．2018年には
じめての原酒ができて樽詰めされて随時販売
され，2021年には最新のものが「スコッチ」
として販売された．

私が2020年1月にスカイ島に行ったときに
はスケジュールの都合で蒸留所を見学するこ
とはできなかった．その代わり，スカイ島の
ホテルのパブにて，リカーとして販売されて
いる3年未満のものを飲むことができた（ボ
トル名は「待機中While We Wait」．これはリリー
ス第3弾で，おそらくは2年熟成と思われる）．いまだ「スコッチ」ではなかったが，
率直にいって「素晴らしい」の一言に尽きた．力強いことはもちろん，3年未
満とは思えないほどのエレガントさがそこにあった．

これは，この蒸留所でつくったピート使用のモルトからつくった原酒と，ノ
ンピートのモルトからの原酒を混ぜたものということであった．樽熟成はフラ
ンス産カベルネソーヴィニヨンとカベルネフランの樽でのダブルマチュアード
である．

私が飲んだこの "While We Wait" は2021年現在，Amazonなどのネット販
売でも品切れ状態でなかなか買うことができない（もしかすると，Ｇ＆Ｍ社であ
ればストックがあるかもしれないので直接問い合わせた方がよいかもしれない）．

しかし，3年未満でここまでの品なのだから，10年，12年，18年となるとこ
れはもう期待せずにはいられない（3年熟成ものは2020年末に7500本限定で販売さ
れ，すでに完売）．いずれはコンペで金賞をとることが予想される，注目の新進
気鋭のスコッチ蒸留所である．

あ と が き

　「楽しくなければ，やろうとは思わない」．一見すると子どもっぽい言い訳のようにもみえるが，しかし，オトナだってそうではないだろうか？　楽しさゼロ，やりがいゼロの仕事は，目先のお金が必要なときにはやるだろうが，しかし，「やろうと思っているか」といえばそんなことはないわけで，何かあればそこから離れてしまうのは至極当然である．

　では，アルコール度数40％以上のお酒を喉をヒリヒリさせながら飲みつつ，スコットランドにはるばる行ってお金と時間を使い，ときに体調を壊し，せっかく得た情報だからと書き記して本にしようと出版社に持ち掛けるたびに門前払いされたり無視されたりなど悔しい思いをし，それでも諦めずに持ち込みを続けたあげくこのような本が刊行されてしまう，というケースではどうであろうか？　金銭的恩恵もなく，名声が高まることもないであろうことを考慮すれば，まあ，普通はそんなことをやろうとは誰も思わないだろう．

　知り合いの行動経済学者H氏であれば，「あ，それサンクコストです．そんな苦労をして，時間を費やして何も得られないくらいなら，そんなの途中でやめて，もっと有意義なことにエネルギーを費やせばよいのに」と冷たく言うかもしれない．まあ，たしかに，この本を書くに費やした金銭・時間・労力があれば，それをもっと社会的に有意義なことにも使えたことは事実である（機会費用的に）．あるいは自分自身にとってのなんらかの幸せを手に入れていたかもしれない．もし10年前に，「これだけの苦労をしてようやく10年後にそうした本ができるけど，ただそれだけである」ということを私があらかじめ分かっていたのであれば，それにトライしようなどとは思わなかっただろう．しかし，実際，そういうことをしてしまっている．それはなぜか？

　それは，その苦労のなかで「割に合うかどうか」をどうでもいいと思えるほどに「楽しいこと」に出会えたからである．経済学的観点からみればトータルで割に合わないとしても，その随所随所に楽しい出会いがあったからこそ，途中で投げ出すことなくそれをやろうと思い続けることができた．この本が，最

終的に私に大金や名声をもたらさないとしても，これを仕上げてゆくプロセス
において，その都度ごとの楽しい瞬間の積み重ねがあり，そこには金銭とは別
の価値が織り込まれていたのであった．その集大成が本書である．

　楽しさを与えてくれたのは，もちろん，スコッチ方面で私に関わってくださっ
た方々である．本書は私が一人で書いたものではあるが，私独りでスコッチの
楽しさ・奥深さを知ることなどは到底できなかったし，この本を刊行に至らし
めることもできなかっただろう．そうした意味で，とりわけお世話になった方々
を以下簡単に紹介しながら，それを謝辞としたい．

　私がスコッチ文化の探究に取り掛かったのは鹿児島高専に勤務しはじめたと
きであったが，その時期，霧島市のダイニングバー「幸喜」さんには，いろん
なウイスキーの飲み比べ（ブラインドの利き酒）をさせてもらったりもした．そ
のおかげで，ウイスキーの違いをきちん意識しようとする習慣をもつようにな
り，結果，スコッチへのリスペクトを覚えたように思う．今の私があるのは，
あの時期に「ウイスキーってそれぞれが面白いなあ！」と感じたことが大きい．
スコッチ研究への出発点はまさにあそこであったように思われる．

　鹿児島ではホテル京セラ最上階のバー「アモーレ」さんにもお世話になった．
そこは，オーセンティックな雰囲気のなか，セレブなお客さんが高品質のお酒
を楽しむサロンのような場所であったが，場違いな私の頻繁な出入りにも笑顔
で迎えてくれて，ときに身の丈に合わない高級ウイスキーを頂いたりもした．
とてもよい経験をさせてもらった．

　また，鹿児島市内でふっと入ったBar STINGERさんでは，地元鹿児島のウ
イスキーの魅力をお話いただき，本来ウイスキーとは地酒的なものであるとい
うことを再認識させてもらった（もちろんお店の雰囲気も素晴らしい名店であった）．

　転職のため鹿児島をとびだし，釧路の大学で勤めるようになっても，やはり
地元のさまざまな人たちのお世話になった．アイリッシュパブ「COY」さん
にはたくさんの種類のスコッチとアイリッシュがそろっており，お店にゆくた
びに勉強させてもらった（そして，ここのギネスとフィッシュ＆チップスは絶品だった）．
釧路の「Jizi末広店」さんには，来店のたびにとてもよくしていただき，転職
のため釧路を出る際にはとても貴重なスコッチをごちそうになった．「Bar佐
久間」さんは釧路のなかでもとても雰囲気の良いバーで，しかもボトラーズの

動向にも精通しており，私があまりカバーしていないボトラーズのなかでもとりわけ美味しいものを教えていただいたりもした．また，スコッチ好きが集まる「アクアヴィテを楽しむ会」のみなさん（特にオイコスの森川さん，カキキンの中嶋さん）には，それぞれが持ち込んだスコッチを飲み比べをしながら，楽しい会話をさせていただいた．

　最近引っ越した先の横浜でもいろんな方にお世話になっている．バー「LADDIE」さんには（かつてオーナーの島田さんが働いていた）アイラ島のブルックラディ蒸留所のいろんな話を丁寧に教えていただいた．神奈川大学横浜キャンパス近くにあるバー「シルバーロック」さんには，いまはなかなか見当たらないスコッチの旧ボトルなどを特別に飲ませていただいたり，ポチーンを仕入れていただいて飲ませてもらうなど，とても珍しい体験をさせてもらった．家の近所のワインバー「ソリッシュ」さんには，私が興味あるスコッチの試飲を手伝っていただいたり，そのうちのいくつかをお店に置かせていただいたりもして大変お世話になっている．フレンチレストラン「グルヌイユ」さんでは，ときにスコッチを持ち込んだ秘密の会合をさせてもらうなど，通常ではありえない（あってはならない？）ほどのご配慮をいただいている．

　これらの方々との交流があったからこそ，「スコッチは楽しい！」と感じ，楽しいからこそそれに関する研究・執筆を進め，刊行にまでこぎつけることができたと思っている．上に紹介したみなさんには本当にいくら感謝しても足りないほどであるが，やはりきちんといっておきたい．楽しい思い出をくださり，ありがとうございました，と．

　また，本書の原稿をどこの出版社から上梓するか悩んでいたところ，晃洋書房の丸井清泰さんにご助力を頂く形で出版にまで至った．スコッチに関心があり，私のハナシにきちんと耳を傾けてくださった丸井さんがいなければ，ここ10年ほどの私の活動の成果が陽の目を見ることはなかったであろう．丸井さんそして編集担当の山中飛鳥さんは，難産であった本書を世に引っ張りだしてくれた有能な産婆さんである．どうか輪転機から死産したというような結果にはならぬよう（つまりは本書が無事に売れてくれるよう）祈るのみであるが，ここまでこぎつけてくださったことに対してはお礼を言いたい．本当にありがとうございました．

　普段はそこまで神に対する信仰心が篤くはない私ではあるが，こうした一連の恩恵は，バッカス（酒の神）が与えてくれたものと信じている．もともとは地方の市役所職員であった私が，高専教員，大学教員となり，このような海外の文化に関する本を書けてしまったプロセスには，私個人の能力を超えた，なんらかの力が働いていたことは疑いようがない．バッカスへの感謝の意を示すため，今日はとっておきのスコッチを開けて乾杯しようと思う．できれば，私と楽しみを共有してくれる人たちと一緒に．スランチェヴァー！

　2021年7月

中　村　隆　文

基本用語一覧

・**バーレイ**：モルトをつくるための大麦のこと

・**モルト**：大麦の種子が発芽したもの．スコッチの主原料

・**グレーン**：モルト以外でウイスキーづくりに使用される穀物．トウモロコシや小麦など．

・**ピート**：モルトづくりに使用される燃料としての泥炭．独特の香りがつく．

・**ハスク**：モルトを粗挽きしたもの

・**グリスト**（ミドル）：モルトを中程度に砕いたもの

・**フラワー**：モルトを粉状にしたもの

・**ウォート**：モルトを砕いたものを煮沸して得られる麦汁

・**マッシュタン**：ウォートをつくるための巨大な釜．

・**ウォッシュ**：ウォートがアルコール発酵したもの（ビールに近い）．

・**ウォッシュバック**：ウォッシュづくりに使用される発酵槽．ステンレス製もあれば木製もある．

・**ローワイン**：ウォッシュを蒸留して得られる1回目蒸留液

・**ヘッド**：2回目蒸留で得られる初めの部分の蒸留液（そのまま原酒としては使用されない）

・**テイル**：2回目蒸留で得られる終わりの部分の蒸留液（そのまま原酒としては使用されない）

・**ニューメイク**（ニューポット）：ローワインを蒸留して得られる2回目蒸留液で，ヘッドとテイルの中間．アルコール度数70〜80％程度で，これが原酒として樽熟成へとまわされる．

・**樽熟成**：原酒をその樽に入れて熟成させること．スコッチとして販売するには最低3年間の熟成が義務付けられる．

・**ダブルマチュアード**：同じ原酒を，最初の樽でしばらく熟成し，そのまま別の樽に移し替える熟成方法．ダブルウッドともいわれる．

・**マリッジ**：それぞれ異なる樽で熟成させていた原酒を，最後に一つの樽に混ぜ合わせて熟成させること．

・**モルトウイスキー**：モルトを原料としたウイスキー

・**グレーンウイスキー**：グレーンを原料としたウイスキー

・**ブレンデッドウイスキー**：モルトウイスキーとグレーンウイスキーが混合されているもの.

・**シングルモルト**：1つの蒸留所内でつくられたモルトウイスキーのこと（異なるモルトウイスキー樽のものが混ぜられていてもよい）.

・**シングルカスク**（**シングルバレル**）：1つの樽そのままのウイスキー原酒のこと.

・**カスクストレングス**：樽で熟成された原酒に水を加えることなくそのままボトル詰めされたもの（当然アルコール度数が高い）.

・**アイラモルト**：アイラ島の蒸留所でつくられたモルトウイスキー. 一般的にピート臭が強いものとされる（例外的にノンピートのものも存在する）.

・**スペイサイドモルト**：スペイサイド地方でつくられるモルトウイスキー. 代表されるのはマッカランやグレンフィディックのように, スムースでクセがあまりないもの.

参 考 文 献

B, G. [1858] "On the Early Use of Aqua-Vitæ in Ireland," *Ulster Journal of Archaeology First Series*, Vol. 6 .

Birmingham, David [1993] *A concise history of Portugal*, Cambridge : Cambridge University Press（高田有現・西川あゆみ訳 [2002]『ポルトガルの歴史』, 創土社）.

Boece, Hector（1526）[1821] *The History and Chronicles Scotland*, translater by John Bellenden, reprinted for W. and C. Tait, Edinburgh（テキストはコロンビア大学ライブラリー所蔵版を参照）.

Broom, David. [2014] *Whiskey: The Manual*, Mitchell Beazley.

Burns, Robert（1786-1793）[1993] *Robert Burns Selected Poem*, Penguin Classics（ロバート・バーンズ研究会訳 [2009]『増補改訂版 ロバート・バーンズ詩集』, 国文社）.

Chaucer, Geoffrey（1386-1389）[1906] *The Canterbury Tales*, from the text of W. W. Skeat, Oxford University Press（桝井迪夫訳 [1995]『完訳　カンタベリー物語（上・中・下）』, 岩波書店）.

Dickson, Clarissa [1998] *The Haggis: A Little History*, Pelican Pub Co Inc.

Hailwood, Mark [2014] *Alehouse and Good Fellowship in Early Modern England*, The Boydell Press.

Hering, Wolfgang [1987] *C. Iuli Caesaris Commentarii Rerum Gestarum*, Vol. 1 . Bellum Gallicum, Bibliotheca Teubneriana（高橋宏幸訳 [2015]『ガリア戦記』, 岩波書店）.

Herman, Arthur [2001] *How the Scots invented the Modern World : the true story of how western Europe's poorest nation created our world & everything in it*, New York : Crown Publishers（篠原久監訳・守田道夫訳 [2012]『近代を創ったスコットランド――啓蒙思想のグローバルな展開――』, 昭和堂）.

北條正司 [2015]「スコッチ・ウイスキー――熟成の恵みとブレンドの技――」木村正俊編『スコットランドを知るための65章』, 明石書店.

Johnson, Samuel [1755] *A Dictionary of the English Language: A Digital Edition of the 1755 Classic by Samuel Johnson*, edited by Brandi Besalke（https://johnsonsdictionaryonline.com/views/search.php?term=oats/, 2021年 7 月 7 日閲覧）.

木村正俊 [2008]「スコットランドの実像を求めて」日本カレドニア学会編『スコットランドの歴史と文化』, 明石書店: 9 -31.

小林照夫 [2011]『近代スコットランドの社会と風土――〈スコティッシュネス〉と〈ブリティッシュネス〉との間で――』, 春風社.

Kosar, Kevin R. [2010] *Whiskey : a global history*, Reaktion Books（神長倉伸義訳 [2015]

『ウイスキーの歴史』，原書房）．

MacLean, Charles（1997）［2013］*Malt Whisky: The Complete Guide*, Edinburgh: Lomond Books.

Maidment, James［1868］*A Book of Scottish Pasquils（1568-1715）*, Palala Press.

松井清［2015］『アルスター長老教会の歴史——スコットランドからアイルランドへ——』，慶應義塾大学出版会．

Moryson, Fynes（1617）［1907］*The Itinerary of Fynes Moryson in Four Volumes*, Vol. 4, Glasgow University Press（テキストはVictoria University 所蔵版を参照）．

Moss, M. S. and Hume, John R.［1981］*The making of Scotch whiskey : a history of the Scotch whiskey distilling industry*, Edinburgh : James & James（坂本恭輝訳［2004］『スコッチウイスキーの歴史』，国書刊行会）．

Muir, Edwin［1935］*Scottish journey*, London, W. Heinemann（橋本槙矩訳［2007］『スコットランド紀行』，岩波書店）．

村上春樹［1999］『もし僕らのことばがウイスキーであったなら』，平凡社（参照したものは新潮社2003年版）．

日本カレドニア教会創立50周年記念論文集編集委員会編［2008］『スコットランドの歴史と文化』，明石書店．

Perry, Matthew Calbraith［1856］*Narrative of the expedition of an American squadron to the China seas and Japan*,（宮崎壽子訳［2014］『ペリー提督日本遠征記』（上・下），角川書店）．

Simpson, J. A. and Weiner, E. S. C.［1991］*The Oxford English dictionary*, *2 nd ed*, Oxford : Clarendon Press.

Smout, T. C.［c1969］*A history of the Scottish people, 1560-1830*, New York: Scribner（木村正俊監訳［2010］『スコットランド国民の歴史』，原書房）．

Stewart, A. M. Laura［2016］*Thinking the Scottish Revolution: Covenanted Scotland, 1637-1651*, Oxford University Press.

田中美穂［2002］「島のケルト再考」『史学雑誌』111（10）．

土屋守［2000］『スコットランド旅の物語』，東京書籍．

土屋守監修［2015］『ウイスキー完全バイブル』，ナツメ社．

Urban, Sylvanus［1753］*The Gentleman's Magazine and Historical Chronicle（1753）*, Vol. XXⅢ, London.

Wild, Antony［2004］*Coffee : a dark history*, London : Fourth Estate（三角和代訳［2011］『コーヒーの真実——世界を虜にした嗜好品の歴史と現在——』，白揚社）．

索　引

《著者紹介》

中村 隆文 (なかむら　たかふみ)

1974年生まれ
千葉大学大学院社会文化科学研究科博士課程修了，博士（文学）
現在，神奈川大学国際日本学部教授

主要業績

『世界がわかる比較思想史入門』（筑摩書房（ちくま新書），2021年）

『リベラリズムの系譜学——法の支配と民主主義は「自由」に何をもたらすか
　　——』（みすず書房，2019年）

『正しさの理由——「なぜそうするべきなのか？」を考えるための倫理学入門
　　——』（ナカニシヤ出版，2018年）

『自信過剰な私たち——自分を知るための哲学——』（ナカニシヤ出版，2017年）

スコッチウイスキーの薫香をたどって
　　——琥珀色の向こう側にあるスコットランド——

| 2021年9月30日　初版第1刷発行 | ＊定価はカバーに表示してあります |

著　者　中　村　隆　文 ©

発行者　萩　原　淳　平

印刷者　河　野　俊一郎

発行所　株式会社　晃　洋　書　房

〒615-0026　京都市右京区西院北矢掛町7番地
電話　075(312)0788番(代)
振替口座　01040-6-32280

装丁　野田和浩　　　　印刷・製本　西濃印刷㈱

ISBN 978-4-7710-3536-2